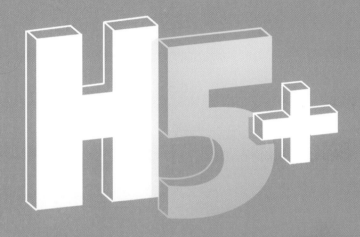

# 移动营销设计宝典

苏杭 | 著

U0342327

清华大学出版社
北京

## 内 容 简 介

这是一本关于H5移动营销网站设计的专业设计图书，它不仅仅会教你一些具体的设计方法，还会让你了解H5的内容定义和规范、看到行业的现状和了解行业未来的走向。

本书共分5章，第1章是概念部分，讲解什么是H5；第2章是规范部分，用最通俗易懂的方式阐述H5的设计规范；第3章是H5的具体设计方法，从原型绘制、内容表达、版式设计、文字设计、动效设计、声效设计这6个要点展开细致分析，帮你学习设计H5网站；第4章是具体案例分析，对2015—2016年国内最好的H5项目网站进行深入分析；第5章收录10篇行业内容专访，内容会涉及到甲方、乙方、产品商、服务商等多家行业知名企业，能够让你对H5营销行业有更多认识和了解。

这不是一本简单的工具书，它由纸质书、配套网站、行业公众号构成，而这三者在内容和体验上又形成互补关系，你将会学习到非常系统的H5设计知识。

除了从事设计工作的设计师，本书同样适合H5网站设计的爱好者，本书对设计方法的阐述非常细致，但内容新颖、全面、多样并且具有开创性，特别适合H5网站的初学者来学习研究。

**图书在版编目(CIP)数据**

H5+移动营销设计宝典 / 苏杭著. — 北京：清华大学出版社，2017 (2019.8重印)
ISBN 978-7-302-46855-4

Ⅰ.①H… Ⅱ.①苏… Ⅲ.①超文本标记语言—程序设计 Ⅳ.①TP312.8

中国版本图书馆 CIP 数据核字(2017)第 056940 号

责任编辑：栾大成
封面设计：杨玉芳
责任校对：胡伟民
责任印制：杨 艳

出版发行：清华大学出版社
   网 址：http://www.tup.com.cn，http://www.wqbook.com
   地 址：北京清华大学学研大厦 A 座  邮 编：100084
   社 总 机：010-62770175  邮 购：010-62786544
   投稿与读者服务：010-62776969，c-service@tup.tsinghua.edu.cn
   质 量 反 馈：010-62772015，zhiliang@tup.tsinghua.edu.cn
印 装 者：涿州汇美亿浓印刷有限公司
经 销：全国新华书店
开 本：170mm×230mm  印 张：20  字 数：455 千字
版 次：2017 年 6 月第 1 版  印 次：2019 年 8 月第 7 次印刷
定 价：89.00 元

产品编号：066331-02

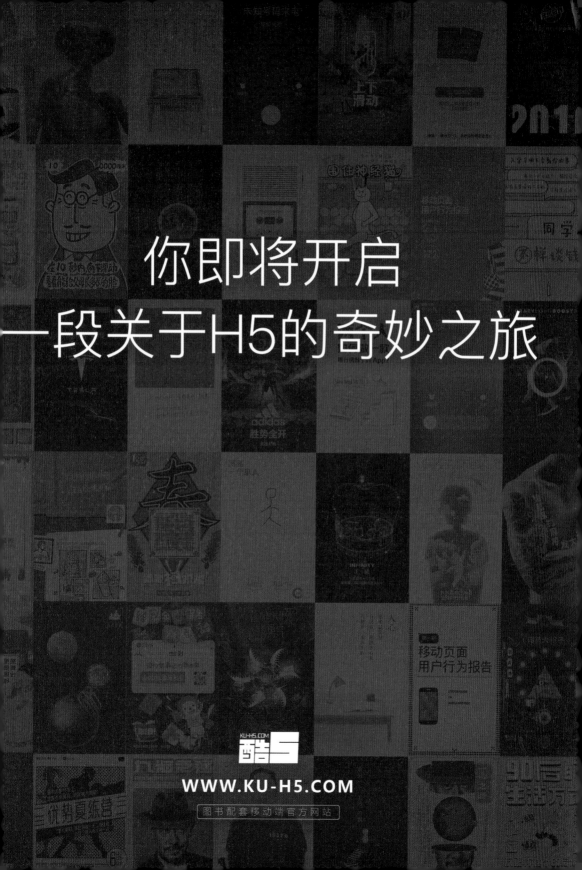

WWW.KU-H5.COM

图书配套专用内容网站

<H5广告资讯站>

图书配套H5自媒体平台

# 这不是一本普通的纸质图书

## 阅读本书，建议你准备以下设备

智能手机 　　　　 移动无线网络

(推荐在Wi-Fi网络下体验本书的演示案例)

# 序 言

文 | 李三水

如何判断一本书值得一读？

如是常规文学题材，必然没有标准答案，更多因人而异，因需索义。

本质上，所有斩钉截铁的推荐，其实都是主观偏见的结果，最终读书获益的多寡，还是取决于书籍内容本身适不适合你，与其他方面关系有限，更与作者关系有限，君不见大批名人出书，盛名之下展卷开来，多是满目狼藉。

但对于一本工具书的推荐，我却有一个简单而有效的方式，可供验证一个稍显客观的标准：先看书的内容，不如先了解作者是谁。

因为就工具书而言，价值标准理应恒定："如何更简单轻松地掌握一门技能，甚至通晓这门技能背后的行业时势？"再翻译得简单一点，就是："如何速成专家？"

而这一点的价值认定，最好的方式莫过于先了解作者的专业能力与成书背景，恰如只有真正的武林高手，才能铸就真正的武学秘籍，或至少此人要与天下高手们切实有过交集，不然所有经人转述或个人臆断的江湖绝学，多为偏门歪论，经不起推敲，更谈不上流传。

但本书作者小呆（朋友间的昵称），确是本人亲身相处并实质接触过的一位特殊朋友，谈及特殊，在于我们之间交流其实并不算多，真正面见交流的次数，至今也未超过两回，但为何可以朋友相称，全在于他本人近两年来，在其自媒体号（"H5 广告资讯站"）中持续发表了很多质量极高的案例分析文章，其间对于 H5 行业发展的辨知与体察，对于市场上优秀 H5 作品的去伪存真，很多时候的洞见与判断，都富涵前瞻性与思考性，甚至超越部分 H5 作品原作者的最初立意，更带来更有价值的二次启发与行业趋势预判，这一点相信也并非我的个人判断，而应是行业公认。

而这样的研究精神与严谨态度，相较于做作品搬运工与贩卖一手信息的行业风气而言，对于 H5 这样一个诞生时间不长、发展条件多元、行业风气浮躁、评估标准混乱的营销工具，更是难能可贵且让人心生敬意。

可能，用作品说话的人，本不需要作品以外的其他论据来为自己证明，但如果想要为一个优秀的作品续命，就必然需要一个比你更理解你的作品，甚至比你更爱你作品的人，来与你琴瑟和鸣。

很幸运，W 和我，在 H5 这一方领域能够相遇小呆，也很荣幸，可以见证小呆的这份心力得以问世，对于自诩为"不做创意人，只做创造者"的人而言，自己的本分只是创造，而如何让自己的造物可以历久弥新，更再生出一份教化启发的意味，则得益于知音的多寡。

好在，高山流水，从未曲高和寡。

谢谢小呆，野狗（编者注：W 公司的图腾）愿与所有移动营销领域的创造者们共勉，共鸣。

李三水 by W

# 前 言

文 | 小呆

## 创作背景

还记得在 2015 年春天，我刚刚从广告行业转入互联网行业，抱着对新工作的憧憬与向往，我开始在各大门户网站刊登设计评论文章， 开始用自己的方式发出声音。

而让我这个互联网"乡巴佬"未曾料到的是，从第 1 篇内容《我理解下的: 你去找个参考！》开始，文章内容的转发率和点击量非常高，简直出乎意料。而当我的文章更新到第 6 篇《H5 广告—互联网视觉革命的先行军》时，我接到了来自清华大学出版社的电话邀约，而找到我的人就是栾大成先生，他后来成为了我的责任编辑。

小呆早期网络设计文章

他的一通电话竟唤起了我学徒时代的一个愿望，那就是写书。而实现愿望的路径，居然就活生生地摆在了眼前，这太难以置信了！虽然我对写书一窍不通，但我毫不犹豫地就接下了项目，我当时还天真地认为，在 2015 年底小呆的书就能摆上货架，但谁又能想到，这个过程实际花费了接近 2 年的时间，而挂断电话的那一刻，我的人生轨迹也彻底发生了改变。

## 创作心路

在确定要以 H5 为主题写书之后，我开始将创作重心从现代设计史迁移到了当时刚刚兴起的 H5 上，为了能够开阔眼界和获得更多素材，我创立一个自媒体，它就是后来的 H5 广告资讯站，该媒体目前在 H5 营销行业小有名气，曾一度成为 H5 优质内容的行业代表。而在本书的创作过程中，因为内容太新、素材太杂、概念过于前卫，使得书的前期创作难以推进，你在市面上又找不到任何可以参考的资料，当时就连大纲都不知道怎么写。

迫于无奈，我在整个 2015 年都在摸索性地用自媒体来输出 H5 内容，希望能用内容来换得反馈、换得信息、换得灵感。而这一时期，在百度直接搜索"H5 广告"时，会看到首页的几篇文章竟然都出自小呆之笔。这并不代表我的内容有多么优秀，而是因为这个领域太缺乏内容、太少人在真诚地做内容了。

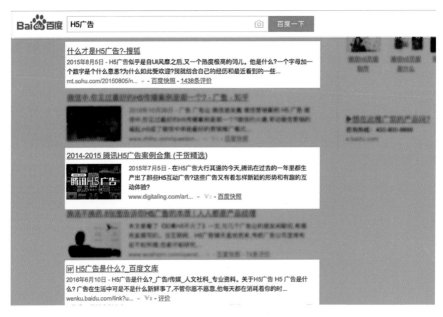

2016 年底在百度首页，还是可以直接搜到小呆的文章

随后，在经历了近半年的思考与摸索后，我终于在 2016 年初，摸索出了内容访谈计划。在整个 2016 年上半年，我走访了北、上、广、深，先后拜访了超过 30 家 H5 相关一线企业，这里面包括腾讯 TGideas、百度 MUX、中信集团、万达集团、搜狐新闻、中国青年报等，以及：W 上海、VML 上海、上海鱼脸互动、UID WORKS 北京、LPI 北京、LxU 北京、WMY 北京等国内优秀一线供应商，还包括兔展网、易企秀、iH5、意派 360、木疙瘩等行业工具商。在这个过程中本书的大纲也终于在摸索和推敲中被最终确定。

而在随后的具体执行中，我也开始渐渐意识到了这本书的不同，它很可能会成为国内第一本真正意义的互联网 + 纸质图书。

也因此，在这一时期我找到了前端工程师徐松作为本书的重要合作者加入，而整本书的网站建设与运营都由他完成，这本书一半以上的内容被放置在了配套的网站（www.ku-h5.com）上，因为有这个特殊的内容设计，所以我才敢称它为真正的互联网 + 图书。也为了能够让本书呈现出更好的面貌，我独自完成了本书的内容构思、大纲创作、内容编写、素材收集和整理、封面设计、版式装帧设计、网站视觉设计和后期的部分推广执行与策划，而这一系列烦琐的工作也终于在 2016 年底基本完成。可以说，这本书浓缩了我两年来对 H5 的所有认知，而它的顺利出版也是我这 5 年来，设计工作的一个完整总结。

## 本书的创新性

### 第 1 个维度创新： H5 营销设计类第一书

我不知道在 2017 年是不是有人会出同样题材的书。即便其他人也在做，我同样相信自己的书是最特别的，这取决于内容的维度，你看到的内容不再是一位作者、一种思维的智慧传达，而是结合了多家公司、机构内容的精华整合。在这个维度上，我更像是一个带有作者名号的 "搬运者"，我将这两年来的行业优秀内容收入本书，并总结归纳。而对于读者来说，你将会看到更为丰富多样的内容，这些内容所表达的东西相互之间不完全统一，甚至会矛盾但这并不重要，多维度的分析不仅仅会让你学到设计技巧，还会让你更加了解行业，这不是一本教你"点哪里、画哪里"的教程，也不是一本用来宣传某某公司产品或某某品牌工具的宣传册，它是一本真正意义的行业设计宝典，非常客观地为你讲解何为H5。

第 2 个维度创新：第一本真正意义的互联网 + 图书

带有"互联网＋"名号的图书国内已屡见不鲜，为什么它是第一本？难道因为 H5 ？

没错，就是因为 H5，但 H5 只是载体，真正让本书与众不同的原因来源于它对形式和内容上的全新探索。

传统图书以纸张作为载体，承载信息比较固定，很难有后续变动。而在近年来，随着互联网的发展，我们开始将二维码加入图书，试图去创造新的增值内容。但就目前为止，所有图书的网站植入、网盘植入、二维码植入都还比较单一，除了跳转文章，就是老套的配套视频，你只有通过电脑才能观看这些附带的信息。而本书为了突破这个限制，专门为图书开发了配套网站（www.ku-h5.com），它与本书内容深度链接，读者能够通过书中的二维码随时跳转到内容相对应的网站演示、内容演示、文字演示、可交互效演示、视频演示、声效演示等，如此多维度的呈现方式在国内的纸质出版物中应该是首次，这是内容层面真正的互联网化，让物理纸张与移动设备产生了更进一步的联动。

本书中的 5 大演示分类，扫码二维码会跳转相应演示

纸张上的字虽然是死的，但是挂在网站上的内容却是活灵活现的，图书的配套网站收藏了海量的行业讯息与设计资料，并且会随着时间的推移进行有效更新，而且纸质图书与网站、

公众号相辅相成,形成了一个内容互补的三角形关系,三者相互补充。图书经历了两年的编写,网站经历长期搭建,而公众号也经历了近两年的内容更新与沉淀。可以说,你买到的不是一本书,你买到的是一套会升级的全方位的行业内容,而这是传统纸质图书想都不敢想的事情,但是本书做到了。

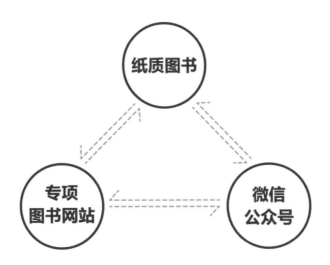

### 第 3 个维度创新:图书行业新商业模式的探索

只有当你深入一个行业时,才会发现它存在的痛点。尤其在设计出版行业,你会发现图书作者流失率高,内容产出量少,好多优秀设计师出了一本书后就再也没有产出了,而图书编辑们则苦于寻找内容作者,即使找到了合适作者,也很难看到内容的持续产出,这是为什么?

在这里,小呆提出了一个内容与渠道的二元理论:就在传统出版行业,你会看到"内容入口大而渠道出口小"的现状,作者为了写书投入了很大的精力和期望值,但是最后的回报却真的不成正比,所以很多人新鲜一下就不愿意再投入精力去写书了,而我提出的新商业模式探索就是针对这二元理论来的，我们是不是可以把二元颠倒过来去做反思，怎么样让"内容入口小而渠道出口大"？

这并非不可能，通常一位作者想要完成一本书的创作，要经历近半年的时间。但如果能把内容维度拉大到整个行业领域，让其他人、其他公司参与内容的话，你付出的精力就会小得多，而这对读者来说确实更有意义，因为他能够获得更多有价值的信息。这样，作者的内容入口就小了。

同时，因为图书的内容来源于多家企业、个人，在"人人都是链接出口"的互联网时代，几乎所有的企业和个人都拥有自己的粉丝群和内容渠道，那么我们是不是可以利用这些企业和个人的渠道来推广自己的图书？答案是肯定的，因为这本书不是小呆个人的，它属于所有内容创作者。只要大家前期达成一致，那么所有的内容创作者就会转变为图书的渠道出口，而关键在于这些内容出口更加精细，它真实地让图书的渠道出口变大了。

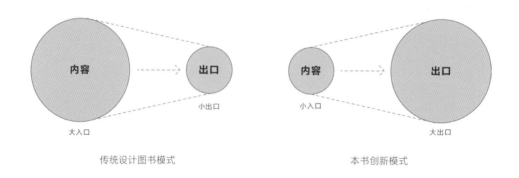

传统设计图书模式　　　　　　　　　　　　本书创新模式

讲到这里，本书究竟是不是在写 H5，似乎都不那么重要了，如果推论成立，那么本书也许会作为图书新商业模式的探索范本而影响设计出版业，为更多作者带来崭新的灵感，为更多读者带来丰富的知识。

作为一名设计爱好者，你可以在本书学到你想要学习到的 H5 知识和内容，作为一名互联网爱好者，你可以在本书找到新的形式、新的内容、新的方法，而作为一名出版行业的工作者，你将会在本书看到全新的思维方式和完全不同的行业视角。

这 3 个维度的创新应该说就是本书的精髓所在了，本书最大的价值不在于内容本身，而在于组织内容的方式和思考过程。

最后，希望小呆两年来的努力和尝试能为这个新兴行业做出一些有价值的贡献。

眼看 2017 年的春天又要到了，我也终于完成了这曾经让我天天发愁，天天睡不好觉的任务了，也许最后小呆真的什么都没能改变，但我真尽力去写、努力去想、尽力去做了，作为一名设计师，希望我的这本设计图书能为你打开思路，能让你有所感悟，至少我的人生因这本书发生了改变，谢谢你能看到我写的前言，我是小呆，希望有一天我们能成为真实的朋友！

苏杭（小呆）于南京

# 推 荐

阅读本书的读者，或许是因 H5 这个火爆的关键词，但这本使用了"H5+ 纸书 + 互联网"的新概念图书却不是一个追赶潮流的产物。从苏杭在站酷发表第一篇 H5 话题文章开始，H5 广告经历了很多变化，一时被认为是革命性的利器，一时被认为是哗宠取宠的噱头，但苏杭没有随着风向的流转改投其他更流行的领域，而是从此在 H5 广告扎下根来。他深度采访了国内几乎所有优秀的创作团队和从业者，坚持更新媒体内容并与业内产生广泛交流。这种严谨治学的态度让这本书有了更深的积累和更大的广度，相信这么一本匠人式的图书，会带来比话题书更多的营养。

纪晓亮　站酷网 联合创始人

这是一本非常有价值的行业指导丛书，本书尝试回答了 H5 广告与设计领域最令人关注的诸多问题。作者从概念、技法和行业这三个角度综合阐述了何为 H5 广告、H5 广告的创作方法以及这门技术在未来的各种可能性。

大中华区权威数字媒体　数英网

在互联网传播领域，H5 开启了交互广告时代，也让用户逐渐成为了广告的参与者，大大提升了广告传播的精准性和有效性。本书恰好是通过 H5 的相关设计、精品案例诠释了 H5 广告所具备的文字、动效、音频、视频、图片、图表和互动调查等各种表现于一体的营销惊喜和新契机。

田爱娜　HTML5 梦工场创始人

H5 营销案例从构思到落地全过程。一本好书看目录就让你爱不释手，怎么办？买呗。

张鹏　优设哥

移动互联网时代为我们带来很多新的模式和玩法，也给有价值的个体创造了新的空间。很开心在探索和创作的路上，能有小呆陪伴，一起见证新兴领域的成长，同时带着自省与反思关注更长久的未来。

李若凡 ｜ LAVA　腾讯 TGideas 创意总监

H5 的应用，在近两年来呈风起云涌之势，几乎成了品牌和产品宣传推广的标配，"刷屏"一词大都与这一应用形态有关，但有关 H5 的系统性内容归纳和研究还比较鲜见，　本书的出版，填补了这一行业空白，对于广大新媒体运营和品牌营销人员是个福音。

这本 H5 专著，没有流于技术和理论说教，而是通过诸多经典案例和对案例背后的操刀人专访，从心法和技法两个维度对 H5 创意、设计和交互等进行生动剖析，属于典型的工具型实战手册和方法论，读后收获良多。

张瑾　万达集团企业文化中心新媒体 总经理

虽然我并不精通 H5，但我知道认真负责的人就会是一个好老师，而小呆的书条理清晰并且浅显易懂，不愧是站酷优秀的推荐设计师。

李涛　高高手

H5 从 2014 年兴起，历经了两年多的发展，已然成为移动互联网时代营销传播的重要形式，小呆无疑是 H5 领域中，最优秀的行业观察者与评论者之一。通过"H5 广告资讯站"，小呆持续贡献了非常多的专业文章。相信很多 H5 领域的同行们，都从中汲取了有价值的信息与知识。

这本新书的出版，由小呆历时近两年观察积累、精心打磨而成，这也是第一本真正意义上的 H5 设计指导书，不管是领域新人还是行业老兵，相信都能从本书中有所收获。

赵玉勇　意派 Epub360 联合创始人 & COO

H5 到底能干什么？我相信读者能在这本书找到答案。但我更相信作者的初衷不仅于此，更多是要展现 H5 的可能性，因为更多的可能性才是 H5 的魅力所在。去创造可能性吧，不要模仿和抄袭。别以为整段整段地照搬代码，换张图、换首音乐就是作品了。随着手机等硬件处理器速度的不断提升，越来越多可能性等待我们去发掘。只有业内同行共同努力，不断创新，才能让 H5 活得更久。H5 只是工具，重点不是它能干什么，而是它还能干什么！

Laurent jiang VML 上海　创意合伙人

如果你爱 H5，可以看这本书；如果你恨 H5，应该读这本书；如果你觉得 H5 是中国社交媒体独有的划时代发明，你要好好看看这本书；如果你觉得 H5 只是一个阶段性的泡沫热潮，你应该认真读读这本书。无论是爱是恨，你都无法忽视 H5 在中国社交传播中的存在。无论是不是 H5，创意都永远在以各种样貌改变着我们的生活。

周宁 | Zane zhou　奥美广告创意总监 & 广告导演

说到行业书籍，传统广告人毫无疑问是幸福的。时至今日，你依然可以轻松地找到平面、插画、摄影、各类奖项、营销案列等等细分的各类广告图书。但说到国内数字营销行业，再细分到移动端营销类图书，那就凤毛麟角了。感谢小呆投入热情与精力编纂本书，让仅仅存在于数字空间的这些优秀案例第一次跃然纸上。若干年后，再次翻阅此书的你早已不再是行业新人，你是否还会对当年的这些案例以及执行技法记忆犹新？相信，时间会给出答案！

Spens　LPI（良品互动）创始人

从 2016 年火爆朋友圈的吴亦凡入伍开始，越来越多的社会化营销都和 H5 密不可分，也经常有朋友找我咨询 H5 的问题，然而我发现很多人对于 H5 的理解仅仅停留在用户表层，比如抽奖、邀请函、小游戏等。但在本书中，你可以看到小呆对于 H5 更深度地诠释与未来数码设计相合的更多可能性。书中总结的设计方法和使用手册从应用性的角度展示了 H5 的更多可能。非常推荐对 H5 感兴趣的你，一定能获得不少收获。

蒋彪 | cman　青木 treedom 创始人

我们喜欢看案例是出于两种原因：第一，为了窥视项目中的细节，解剖创意和制作过程，找到真正能为我所用的灵光乍现；第二，希望把案例当成一种动力，告诉自己，瞧！别人做的已经都在这里了，我要做的和他们不一样，而且我做的会更好！这两种动机也可能同时存在，有时会很难讲透彻。但不管怎样，有一点是肯定的，无论是出于哪种原因，你首先看完这本书。因为，H5 的将来虽然未知，但 H5 的过去基本都在这里面了。

老徐 | OLD XU　鱼脸互动 创始人

小呆是中国泛 H5 领域的先行者、探索家和引路人，他用勤奋、辛劳、无私、智慧筑灯塔，为求知者领航。

崔长杰　福禄寿禧来品牌传播机构 CEO

因一些事情和小呆有合作，发现小呆是个特别认真的人，从 H5 的技术到表现再到创意趋势都有很深的研究，对细节研究甚至精确到一段背景音乐或者一段代码的使用；毫不夸张地讲，这本书恐怕是中国最好最全的 H5 书籍。

灰昼　赤云社 创始人

# 目录

## 01
[ 第 1 章 ]

### 认识 H5 与广告

**1.1 传统广告怎么了？ \4**

聊点传统广告的事儿 \ 4

传统广告如今还是行业大佬么？ \ 6

那么，传统广告会被打败么？ \ 8

**1.2 H5 究竟是什么？ \ 10**

"H5=HTML5"是否可以成立？ \ 12

"H5= 微信网页"是否可以成立？ \ 13

"H5= 移动 PPT\APP"又是否可以成立？ \ 14

那么 H5 究竟是什么？ \ 15

了解定义的作用 \ 17

**1.3 H5 与未来数码设计 \ 18**

超媒体是什么？ \ 19

那么超媒体的 "非线性" 又是什么样子？ \ 21

超媒体的具体特征 \ 22

超媒体实现的 4 个条件 \ 23

H5 是超媒体么？ \ 25

**1.4 一个水果的比喻，让你认识 H5 的优势 \ 27**

水果是否有营养价值 \ 27

水果是否新鲜，好吃 \ 28

水果的成熟周期 \ 30

水果是否物美价廉 \ 32

# 02

[ 第 2 章 ]

## 设计流程与规范技巧

### 2.1 H5 的设计流程 \ 36

目前 H5 在设计方法上可以笼统地划分为三大类型 \ 36

了解需求，选好方向 \ 38

确定表现形式 \ 40

设计表现 \ 42

开发执行阶段 \ 43

数据总结分析 \ 45

### 2.2 H5 常用设计工具箱 \ 48

H5 设计师使用工具 \ 48

H5 动效展示工具 \ 51

H5 设计生成工具 \ 53

H5 常用辅助设计工具 \ 57

### 2.3 H5 页面尺寸设计注意事项 \ 58

# 03

[ 第 3 章 ]

## H5 的设计方法

### 3.1 认识 H5 的原型图 \ 66

什么是原型图 \ 66

H5 的原型图 \ 67

H5 原型图应具备的因素 \ 70

原型图存在的作用 \ 72

**3.2 把握好 H5 设计的表现力 \ 73**

视觉气氛（传递情感）\ 73

形式感（打动用户的重要方法）\ 79

参与感（H5 设计的爆点）\ 82

**3.3 H5 页面的版式设计要领 \ 86**

H5 与平面设计的版式到底哪里不同？\ 86

要如何应对 H5 版面设计？\ 89

**3.4 H5 的文字设计 \ 103**

设计师！你需要重新认识文字 \ 103

改变你的排版习惯 \ 112

H5 的标题设计 \ 115

**3.5 H5 的动效设计 \ 124**

关于动效，你要清楚一些事情 \ 124

在 H5，我们可以实现哪些动效？\ 139

动效在 H5 的一些实际运用 \ 146

**3.6 H5 的声效设计 \ 154**

你一直在忽略声音 \ 154

声音的 3 个类别 \ 156

H5 的背景音效 \ 157

H5 的辅助音效 \ 164

一些采样常识 \ 166

# 04

[ 第 4 章 ]

## H5 的精品案例

精品案例 4.1　大众点评—我们之间就一个字 \ 176

精品案例 4.2　LPI—梦幻 H5 \ 189

精品案例 4.3　寻龙诀一起来寻龙摸金，活蒸大粽子 \ 202

精品案例 4.4　腾讯游戏—众粉丝哭倒? 吴亦凡圆寸疑为入伍做准备 \ 214

精品案例 4.5　阿迪达斯—罗斯绝不凋零 \ 228

精品案例 4.6　大众点评—你一身的渴望，我们从头开始满足你！ \ 239

工具类精品案例 4.7　工具类精品案例—手机有话对你说 \ 252

# 05

[ 第 5 章 ]

## H5 的内容访谈

鱼脸互动 Fish Face 专访内容（节选）\ 265

UID WORKS 专访内容（节选）\ 268

LxU 专访内容（节选）\ 270

LPI 良品互动 专访内容（节选）\ 272

W 上海 专访内容（节选）\ 274

腾讯 TGideas 专访内容（节选）\ 278

搜狐新闻 专访内容 \ 280

万达集团 专访内容 \ 283

iH5 专访内容 \ 286

甲本 专访内容 \ 290

致谢 / 293

**第1章** | H5+ 移动营销设计宝典

**第2章** | H5+ 移动营销设计宝典

**第3章** | H5+ 移动营销设计宝典

**第4章** | H5+ 移动营销设计宝典

**第5章** | H5+ 移动营销设计宝典

# 认识H5与广告

在正式开始学习 H5 的相关设计之前，你还需要了解一些有关 H5 的基础知识，它能够让你在设计前期不会对行业以及概念困惑。H5 究竟是什么？它又有多大潜力？为什么能够在 2015 年被引爆？又为什么能够成为广告营销的宣传利器？这些问题你都可以在本章获得答案。

# 1.1 \ 传统广告怎么了？

当你在百度搜索 "传统广告" 时，迎面而来的居然是各种死相、病态、老土的质疑，叫人大跌眼镜！传统广告究竟是什么，它怎么就要 "死了" ？

一半以上传统营销人员将被淘汰|吴晓波|营销|广告_新浪财经_新浪网

2015年2月12日 - 文/新浪财经专栏作家吴晓波 事实上，说互联网下的社会是一个冷漠的社会，极大程度上是成见。互联网一方面降低了广告的功效性，另一方面，增加了广告的新…… ▾ - 百度快照 - 232条评价

传统广告不会消亡,但传统广告人会--百度百家

最近看到一组海报,其中一张说"传统广告不会消亡,但传统广告人会",足够引人侧目。作为广告入行的营销从业者,亲身经历了从传统广告到数字营销转型的这十几年… ▾ - 百度快照

哈佛商业评论2013年3月刊-传统广告已死_哈佛商业评论

创意广告永不死 种种新概念让人眼花缭乱,也让一心关注投资回报率的广告商趋之若鹜。在这种情况下,广告看似已成了科学的天下,再无艺术可言。然而,在这次科技浪潮… ▾ - 百度快照 - 评价

传统广告已死?广告人该怎么变-易播网

2015年6月16日 - 上周,一组直戳传统广告人痛点的海报在各大广告公司门口出现。在引起围观的同时,也更令人反思:世界变了,广告人该怎么变? ▾ - 百度快照 - 32条评价

百度搜索 "传统广告" 获得的部分词条

## 聊点传统广告的事儿

"传统广告"这个词，实际是相对目前日渐火爆的互联网广告而生的。上世纪90年代末，中国经济松了大绑，伴随着经济腾飞和民族企业复苏，国人对广告的需求逐渐升温，开始探索新模式、尝试新内容。人们逐渐意识到，以前的那些大字报太老土，跟不上时代步伐。那时，

营销还没那么多花哨的套路，所有迷恋广告效应的企业做梦都想干的事儿就是——攻克传播的制高点，让自己家的广告登上央视，刷亮全国人民的眼睛！电视机在那个年代是中国家庭的梦想，而营销人的梦想则是——成为 CCTV 的标王，为攻占高地不断冲刺！

随后，伴随外企进入大陆步伐的逐步加快，洋人带来了更多优质的洋货，同时也为中国带来了全新的广告生态——**4A 广告体系。**

**小提示：**

　　"4A" 源于美国，是 The American Association of Advertising Agencies 的缩写，中文为 "美国广告代理协会"。因名称里有四个单词是以 A 字母开头，故简称为 4A。

以奥美为代表的众多 4A 体系在那个时代开始陆续登陆改革开放下的中国。突然间，奥美 360 度的品牌罗盘、big idea 的宏观打法、严密的逻辑、专业的服务态度、看上去无懈可击的庞大架构，以及各种配套的学术方法论、精神读物、改变世界的种种伟大理想，都统统

部分进入中国的国际 4A 广告公司

飞了过来！面对这上百年的发展差距，脑子里只有 "标王" 的国人真的看傻了！被新事物冲击得措手不及，无力还击。

> **小提示：**
>
> 我清晰地记得在 2013 年第一次参加奥美大学培训时，看着那些上世纪 90 年代的成套资料，仍会在内心深处体会到其传播方式的巧妙和思维方式的不同。多年的沉淀和大量实践的累积，确实是你想学都要消化很久的，即使那已经是 2013 年了。

在那个年代，"国际"和 "优质" 戏剧化地变成了同义词。国人是那么迫切地想要拉开经济上的差距，那么迫切地想要得到外界的认可，面对汹涌而来的 4A 大潮，迷信般地将洋人大老爷奉为大神整日膜拜，而国际 4A 今天的导师架子就是那时开始养成的。那么本土广告人还有什么优势能和国际 4A 竞争？

最明显的优势是价格！只有在与国际 4A 高额服务费用对比时，本土公司才能显示出竞争优势。随后，国内逐渐形成了国际 4A 占据中高端市场，而本土公司占据中低端市场的格局，信息传输的载体也集中在了纸媒介和电视媒介这 2 个领域。4A 广告体系也逐步成为了行业标准，不管哪家公司，都会一定程度照搬套用，如今广告公司的部门划分、比稿模式、提案方法等，都源于 4A 体系，而这就是传统广告的一个大致情形了。

## 传统广告如今还是行业大佬么？

随着时间的推移，国际 4A 在中国体积日渐庞大，根基越来越深。人们开始慢慢习惯按照套路去思考，甚至出现不少道行尚浅的广告人认为 4A 是广告本意的代名词。而在广告公司你又经常会经历这样的情况：

人们把创意简报称作"Brief"，团队说成是"team"，把总监叫成"CD"，美术指导喊成"Art Director"等，这还不过瘾，每个人还硬要起个洋名字，没有起洋名的人在4A都不好意思和别人打招呼！讲个话非要夹两句英语，模仿台湾腔，摆出一副洋人的架势！即使是面对国内广告代理公司对国内企业进行常规提案，这种怪异的沟通方式也不会有人觉得别扭。然而！很多甲方专吃这套，会觉得你洋气，觉得你高端大气上档次！不管是甲方还是乙方，他们都在内心深处崇拜这套体系，4A模式不但占据了行业的制高点，还让一种外来文化成为了不少人的精神信仰。

**部分和H5设计相关的名称：**

| | | | |
|---|---|---|---|
| Idea | 创意的简称 | Campaign | 战役\活动 |
| Brief | 创意简报 (设计需求单) | Social | 社会化营销 |
| Branding | 品牌 | Social campaign | 社会化营销活动 |
| Agency | 代理商 | Digital | 数字\互动 |
| Minisite | 迷你网站\也指代Flash网站 | Digital marketing | 数字营销 |

如此牢不可攻的行业地位难道也能被改变？

就在近几年，智能手机逐步普及、纸媒迅速萎缩、电视开机率下滑，过去传统广告惯用的纸媒＋电视的套路影响力开始减退，受众人群开始流失！当这帮4A大佬突然意识到带头大哥的帽子受到威胁时，中国的互联网已经从Web2.0狂奔到了移动互联网时代，全新的移动内容开始涌现。

甲方企业也同样成长迅速，其自身的营销团队逐步开始专业化。尤其是那些迅速崛起的大型互联网公司，他们的UED团队依靠着更为先进的理念和技术正在创造着传播的新方式，并开始逐步引导时代。广告营销与产品设计的界线开始变得逐渐模糊，营销也从之前的少数人的精英运动开始演变成人人都可以参与的大众化内容。

意识到危机的 4A 精英们打起精神奋勇直追,却被庞大阵营的缓慢限制住了手脚,他们捍卫的真理法则就像是一艘难以调头的大船。老前辈们太过留恋曾经创造的那些辉煌,不少转型路上的营销公司只把网络作为一般的执行部门来对付,先入为主地认为网络是辅助线下宣传的工具,却没有意识到受众人群接受信息的习惯已被改变!

对于执掌大权的这帮从上世纪 90 年代就开始奋战的营销人来说,这种认知的骄傲与局限甚至是骨子里的。就像是克莱顿·克里斯坦森在《创新者的困境》中提出的观点一样:**"面对破坏性技术,再优秀的传统行业也将被颠覆。"**对于标新立异的互联网领域来说,这个预言显得更有深意,而传统广告在营销领域的大佬地位也随之开始发生动摇。

## 那么,传统广告会被打败么?

周鸿祎在《我的互联网方法论》里提到过一个核心观点:不管你有多优秀、有多么强大的适应力和创造力,但是在你的人生中永远有一个敌人是征服不了的,它就是"趋势"。如若不顺应趋势,即使你体积庞大、门徒众多,但也会随着时代的发展而变为配角,然后逐渐消失。传统广告积淀了那么久,怎么可能会像网上搜出的那些文章说的说亡就亡,它依然会继续存在,并且会维持着庞大的体量,影响力仍然不能被小看!

但倘若传统广告不能顺利转型,它将会从主角逐渐演变成配角儿,而光芒万丈的 4A 体系也将会从真理法则演变成经典法则。当大多数人不再看电视、不再关注纸媒,全部转向移动互联网时,当传统的多媒体呈现方式逐步在转向立体的超媒体时,我们接受信息的方式也将发生改变,营销将不再受限于传统媒介的枷锁,由多媒体向超媒体转移。而这一切正在眼前发生着!

看看如今营销行业前线的领头羊吧，再也不是那些国际4A，再也不是那些吆五喝六的"歪果仁"了，而是一批逐渐显现并拥有互联网思维的新型本土公司！营销与产品的界线也在日渐模糊，好的互动创意开始不断从本土涌出。

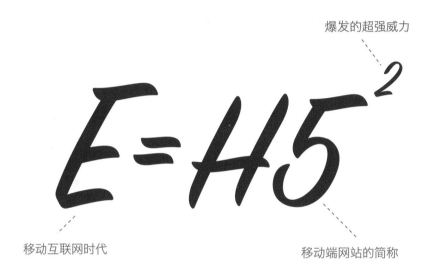

而当具备本土特色的H5网站在互联网频频刷屏时，整个行业的裂变速度又在不断加速！H5并未在游戏行业率先引爆，反而是在互联网营销领域先被关注。借助H5的新形式，我们看到了一个更为多样的互动未来，而把握这样的趋势不仅仅是为你未来的设计工作做准备，更重要的意义在于提升你应该有的新眼界。

# 1.2\H5 究竟是什么？

从 2014 年起，一个叫做"H5"的词出现了，它稀里糊涂地火成了辣子鸡！不光是从业的互联网人、营销人，甚至那些其他行业的从业者也被引入漩涡——就连卖水果的、卖大米的、做服装加工的传统制造业的从业者也开始迷信 H5 效应，相信它有某种神奇的力量！那么，问题也来了，谁能给我解释解释这么神奇的 H5 究竟是个什么东西？

- ■ 有人说，H5 是 HTML5 的缩写，一个很厉害的新技术。
- ■ 有人说，H5 是植入在微信内、能分享、会动的网页。
- ■ 有人说，H5 是超级移动 PPT、是网页版的 APP。

那么，究竟哪个答案才是正确的？

想了解 H5，我们必须认识一个来自网页的标记语言——**HTML**

HTML，全称为 Hyper Text Markup Language，中文直译为"超级文本标记语言"，1994 年由万维网（W3C）发明，它的作用主要是用来标记编辑我们今天看到的几乎所有网页的框架，也可以简单地把 HTML 理解为是用来标出位置的一套规范，随着时间的推移，如今的 HTML 已经成为了网页标记语言的行业规范，而我们今天看到的大多数网页就是由 HTML、CSS、JS（ JavaScript ）一同编写实现的。这 3 套语言也被称为构成网页最重要的"三驾马车"。

如果把网站比喻成是一个人，HTML 相当于人体的骨骼，CSS 相当于人体的血肉，而 JS 相当于人体的动作。

从 1994 年到 2014 年这 20 年之间，HTML 完成了 5 次重大升级换代，直到 2014 年 10 月 HTML5 最终定稿。相比 HTML4 来说，HTML5 新增了很多标记，包括 WebGL 的 3D 编辑能力，并且真正摆脱了 Flash 这类第三方插件，能够独立完成例如视频、声效甚至是画画的操作，这同样也宣告了曾经统治世界网页舞台的 Flash+IE 的黄金搭档将逐渐成为历史。

2007 年，在 WWDC 开发者大会上，乔布斯宣布 iPhone 将支持 HTML5

由于移动互联网的兴起，得以让苹果和谷歌联手引领了网页技术，并推广了 HTML5 这唯一可以通吃 PC、Mac、iPhone、iPad、Android、Windows Phone 等几乎所有电子设备的跨平台语言。从而也就成就了 HTML5 在移动互联网未来的主流地位。

HTML5 是 HTML 的第五次重大修改，而这套标记语言就是构成网页的基础，如果同学们平时观察网页的后缀，就可以看到 .html 的字样，它并不是什么高端技术，只是一套新的规范，像是法律法规、公司制度一样，是用来规范网页的。

## "H5=HTML5" 是否可以成立？

很多人会认为二者是一致的，那么我们先从 H5 说起。第一个起 H5 外号的人真的很难找到了。使用这个名字，也许是因为好记顺口，也许因为名字特别洋气，也许因为太多传播者忽视应有的知识背景，无所谓名称含义……而 H5 这个名字在营销词典里一经出现，不出半年就波及到了全国。于是，人人都知道有个很厉害的东西叫 H5！也都胸有成竹地把它当成高端技术拿来叫卖。但在整个链条中，技术阵营开始觉得不对劲了。

很多人会觉得 H5 是 HTML5 的缩写，这个看似合理的说法实际是愚蠢的，因为 HTML

**程序员与需求方的聊天：**

需求方：你会做 H5 么？

程序员：什么是 H5？

需求方：（吱吱呜呜地回应）不就是 HTML5 么？网上都这么说的，是个缩写。

程序员：你让我做的是个网页框架么？

需求方：大家都是这么叫的，我给你个参考你照着做就是了，就是那个朋友圈里能接电话的。

程序员：大哥！它不是 HTML5 好不好！

本来就已是缩写，再缩一次，又是个什么鬼？H5也不是规范，它更像是技术执行方式，有很多功能和特性，所以H5=HTML5是根本无法成立的！

　　能够成立的是，H5确实涉及到了HTML5的诸多规范，你想做一个H5页面或多或少都要利用到HTML5的很多内容，而二者只是有联系，并非对等。在2015年上半年，随着H5的火爆，引起了一场技术阵营与营销阵营的"定义争锋"——当时在互联网上两方大打口水之战，对定义展开了一场博弈，结果虽然是技术阵营妥协，但也证明了HTML5和H5的内涵并非完全一致。

阅读延伸：
**为何不要用「H5」这个简称？**
扫描右侧二维码 - 观看行业分析文章

## "H5=微信网页"是否可以成立？

　　从切身体验来说，H5似乎就是基于微信的网页，但实际并非如此，大多数情况下，我们是通过朋友圈和微信群来观看H5网页的，但实际上我们利用任何浏览器都可以观看H5页面，不管是PC端还是平板端。跳出朋友圈，H5依然可以被浏览，它的特效和演示甚至比你在微信看会更加流畅！

　　原来是因为微信集成了移动端浏览器，离开微信，H5照样可以正常观看，只是因为人们习惯了通过朋友圈打开H5来观看网页。所以，H5并不是微信网页，它是一个更大的概念，只是因为微信巨大的用户群，让H5集中于微信，让人们觉得这个页面就是微信独有的，也让H5成为"微信网页"的代名词。

如果不相信的话，你可以复制微信里 H5 网站的地址，然后粘贴到 PC 端或者手机端的浏览器看看，你会发现效果一致。

因为微信的原因，才使得 H5 能够迅猛发展起来。但是 H5 并不是微信的专有网页，H5 的概念远大于此。

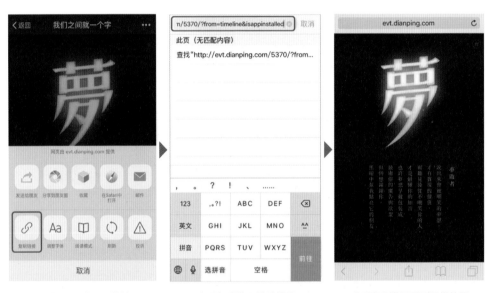

复制微信内的页面地址　　　　　在手机浏览器粘贴地址　　　　　在手机浏览器看到同样效果

## "H5=移动PPT\APP" 又是否可以成立？

我们经常提的 PPT，实际代指幻灯片的意思，人们把 PowerPoint 用惯了，就把它等同于幻灯片，而很多幻灯片不是用 PowerPoint 做的，成了习惯也就很难改过来了。H5 确实能实现移动幻灯片的功能，但它不仅仅是移动幻灯片，它能实现的事情远比移动幻灯片要多得多！

手机端的 APP 在今天当然是可以用 H5 来实现的，但是 APP 还存在原生开发模式，也

PowerPoint          Keynote          Prezi

幻灯片领域的 3 大制作神器

就是我们常说的 Native APPS（原生程序），H5 和 Web APPS 的关联实际更大，它们是相互包含的关系，而微信在 2016 年年底推出的"小程序"就是一个完全依靠 H5 来改善现有 APP 诸多问题的解决方案，"小程序"下的"小应用"是一个 H5 版本的移动 APP，但即使如此，APP 与 H5 也不可以对等。而网上看到的 "H5 APP" 这样的名词也更是让人费解，"H5 APP"并不等于 Web APP。

## 那么H5究竟是什么？

所有的常规猜测和网上的话题引导我们都论证了，结果全部不成立！

当我们重新把所有内容放在一起时，你会发现 H5 它包括了 HTML5 的标记规范，运用到了例如 CSS、JS（JavaScript）等多种计算机语言，可以实现多种动效和视听效果，会利用到后端和前端的多种功能，主要在手机端传播，可以跨平台在 PC、平板上浏览等等。

当我们在这些所有包含的特性上寻找共性时，我们得到了一个意外的答案，H5 不是HTML5、不是微信网页、不是移动 PPT。

相反，从某种意义上来说，它是这些东西的母级，H5 所指的就是移动网页本身，它能够包含所有这些分支！

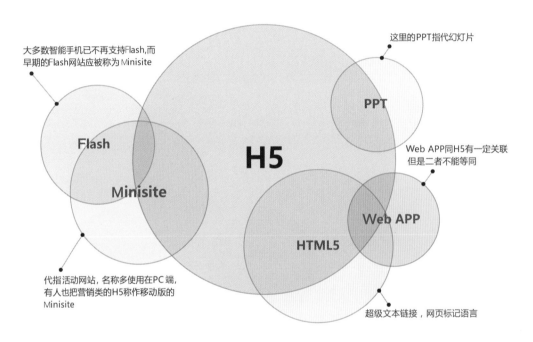

H5 与 HTML5、Web APP、Minisite、Flash、PPT 的关系图

H5 是中国人制造的一个专有名词，就像是我们喜欢把"苹果 7"说成是"肾 7"一样，为的是通俗好记。但 H5 坏就坏在它看上去像是个英文缩写，似乎是某种尖端技术，实际上国外根本没有这个说法，老外都不知道这个 H FIVE 是个什么东西，看上去极为洋气的玩意儿，原来是个假冒的本土货！

我最初希望看到国外的 H5 网页，但是不管怎么搜、怎么找都找不到，后来在多方的查询和努力下，通过 HTML5 website、webapps、Minisite 这样的词条才能找到类似的网站，而你却无法找到一样的东西，就目前国内 H5 的发展来看，实际已经在某些领域走在了世界的前列，尤其是移动营销领域。

还原 HTML5 website、webapps、Minisite 的母级，从我需要寻找的特性来看，同样是移动网页的意思，它的遭遇就很类似我们平时老挂在嘴边上的 PPT 一样，我们说的实际不是 PowerPoint，而是幻灯片。同样的，我们讲的不是 H5，而是移动网页。就像是很多人很熟悉 PPT，但并不知道什么是 PPT 一样，很多人熟悉 H5，但是也不清楚它究竟是什么，那么费这么大劲了解定义又有什么用？

## 了解定义的作用

直到今天，我还经常会收到很多设计师朋友的求助，他们总会发来一个链接，问我这个是不是 H5；而通常情况我都没有必要打开，因为如果不是移动网页，你怎么可能通过微信发给我？当人对概念模糊时，是根本无法进行有效创作的，他们会盲目跟风，会被他人的成功和举动所影响，就像是 2015 年 ~2016 年在国内发生的情景，90% 的创作者只会跟风，对 H5 本身的误读造成了他们创作的屏障。而 H5 是个崭新的领域，它最需要的就是我们这些设计者的开荒，伪装接电话、伪装朋友圈、视频的第一次大胆植入、3D 交互效果的第一次运用，这些举动没有对 H5 本身的理解和认识，是根本无法实现的。

当你知道移动网页能做的 H5 都能做时，这实际是对开发者想象力的一种解脱，你的参考对象再也不是其他人的案例，而是移动网页技术本身，这对设计者的意义巨大。所以说，认识 H5 的定义是你有效设计的开始，而下一节我会告诉你 H5 究竟有多大的潜力。

# 1.3\H5 与未来数码设计

还记得在 2010 年，王受之老师在一次讲座中意味深长地说到：自己当初去美国，就是想把外国成熟的设计体系搞明白，然后沿用回国。而自己兜了一大圈后，居然发现美国的设计教育已非昔日面貌，经典的平面设计居然被肢解成了多个与网络有关的方向。老人感慨到，他苦心想要求得的东西，已不再是主流，美国的设计教育正在全面发生变革。

2011 年，在一次读书会上，学生询问陈丹青老师，国外当下的艺术设计是什么时，陈老师的答案有两个重点词：一个是"数码设计"，一个是"你根本无法想象"……虽然，我没能听到具体答案，但那股子坚信的语气让我印象深刻，我真的特别想知道那个"数码设计"是什么？

2012 年，李涛老师在清华做公开演讲，他当时把自己的设计教育定义为一种叫作"超媒体"的教学机构，并且宣称这是下一代的设计形势，是行业不远的未来方向！

> **小提示：**
>
> 王受之，设计理论和设计史专家，中国现代设计和现代设计教育的重要奠基人之一；
>
> 陈丹青，艺术家、作家、文艺评论家；
>
> 李涛，Adobe 中国专家，Adobe 教育计划教师认证体系主讲。

这些前辈们在思考的事情看上去神秘而有趣，参与者的积极性已被调起。但当时我并没明白他们讲的是什么，内容太过于抽象，难以理解！而伴随着困惑和未知，直到 2014 年当我遇到了 H5 时，我似乎才找到了些头绪——原来你们在影射的东西现在终于出现了！

由互联网引发的一系列连锁反应在沉淀数年后，终于蔓延到了互联网相关的设计行业，而整个行业在 H5 出现后，又迎来了一场新的变革，这场战役才刚刚开始，它将会被全新的 "超媒体" 所引领，而 H5 也将成为整场变革的先行军。

那么什么是超媒体？超媒体与多媒体又区别在哪里？

## 超媒体是什么？

超媒体是个有点抽象的概念，我们需要从多媒体的特性讲起，那么什么是多媒体？

**多媒体（Multimedia）**是多种媒体的综合，它是组合两种以上带有人机交互式传播的内容形式。所涉及到的媒体包括文字、图片、声音、动画、影视等等。像是我们熟悉的 PPT 幻灯片就结合了图片、文字、音乐来传递信息，这就是常见的多媒体了，让传递的内容丰富并且多元化。

### 而由 "多" 转变为 "超"，这中间究竟意味着什么？

超媒体所利用的媒介种类和多媒体类似，也是图片、文字、声音、视频等，但不同之处在于它具备了 "非线性"。并且能够把所有已知媒体形式进行肢解和解刨，为了一个全新的主题，而最后形成全新的个体，也可以说是媒体的深度 "资源整合"。从传统美术上来讲，原理很类似于毕加索的绘画特征，试图将三维的世界在二维平面里展现，也和电影的剪辑概念特别相似。

**小提示：**
关于毕加索的抽象画解析内容来源于《艺术与视知觉》。

这理解起来还是有点困难的，那么咱们先来解释下什么叫 **"非线性编辑"**。

电影我们都熟悉，而它就是很典型的 "非线性编辑"。电影前期的制作阶段，剧组会拍

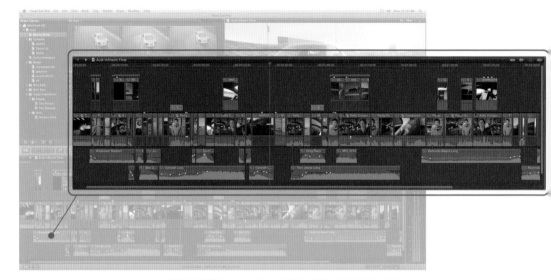

影视编辑软件 Final Cut 主界面，图片来源于苹果官网

摄大量影视素材，而每段影视素材都是相互独立的。通常是一段段，一场场的影视素材。如果你直接把它们拼在一起，马上就会觉得特别生硬、别扭，前后会连不上，看着会不舒服。要么是有穿帮镜头，要么是逻辑或者时间不对称。

面对不同样式的素材，剪辑师会根据最初规划的故事剧本去从各种片段中截取一个个需要的部分，然后最终拼成一个符合要求并且符合体验习惯的整体视频，这个过程就是非线性编辑——**先拆分各个部分，然后重新组构**（见本页配图：视频素材、音乐素材被切割成了不同的部分并被重新组织成新的整休）。

把一大堆相对独立的素材进行修改和裁切，然后合并成新的统一体——这就是电影层面的非线性编辑，但常规意义的电影并不是超媒体。

## 那么超媒体的 "非线性" 又是什么样子？

超媒体的非线性编辑不像多媒体的线性编辑那么简单，它不是堆积或者罗列一连串歌曲、视频、图片这样的内容，而是在一个空间载体内重新将各媒体的固有内容进行肢解和组构，它打破了传统的单一媒体界限和固有思维，将平面媒体、电波媒体、网络媒体互相整合，并能够左右在一个区域，把原本在一个时间点上只能呈现单一感觉的体验扩大到了听觉、视觉、交互这3个维度，从而让人产生更为身临其境的代入感。

电影的素材是音乐和视频，而超媒体的跨度要比电影的跨度大得多，它可以包括我们已知的所有媒介形式，从 Flash 引领的 Minisite 网站到如今由 HTML5 兴起的 H5 网站， 在超媒体的逐渐深入运用下，我们距离未来数码设计也越来越近了。这里面有几个 H5 商业案例，可以帮助你理解什么是超媒体。

NO.1: 早期具有超媒体特性的 H5 案例，在 H5 中，我们看到了字体的平面设计、影片的片段、电影原声的截取、动画表现、交互的点击，如果你单独去看每一个部分，它们都是残缺不完整的，但当你把这些元素拼合在一起时，整个体验的感受要胜过任何一种媒介的表现力。

扫描二维码，观看案例

NO.2：一个很有代入感的"一镜到底"案例（"一镜到底"是一个影视上常用的概念，它指代一组画面从头到底进行的过程中没有出现剪辑和内容跳转。），在整个体验过程中包含了动画表现、3D 场景表现、平面排版与动效设计、声效设计，而这个过程是由用户的交互串联起来的，当你把各个部分切割出来时，它们同样也是残缺不完整的。而这种用交互来串联起各个不同形式媒介，最后形成混合体验的内容就具有超媒体属性。

## 超媒体的具体特征

一直以来，我都很难想通，究竟如何将那么多种媒介的碎片统一在一个内核，这太过于抽象，毕竟媒介之间存在差异，把平面设计和三维设计拼在一起？这不是开玩笑么，怎么拼？后来我发现，解决问题的关键点，最终落在了交互这个环节，也就是你和设备的互动方式。

人往往在具体操作设备（如手机）时，精力是高度集中的，这得益于目前移动设备的多点触控技术和不同传感器的植入。我们已经可以对设备进行多种操作，而当不同的操控方式可以牵引出不同动态时，一方面人们在体验上不会感到别扭和不自在；另一方面，它让我们可以围绕交互去组织多种形式。

例如点击、滑动屏幕、语音口令、摇一摇都是明确的指令，当指令下达后，我们可以根据指令来响应内容，利用不仅仅是视觉的媒介来响应操作。我们滑动后可以触发一连串的声音画面特效，可以根据你手指压力的轻重变化，来改变网页内容的画面和空间，而这就是超级媒体——不拘泥于任何媒介，同时又会利用多种媒介特性，交互把各个不相容的媒体形式重新串联了起来，让超媒体的展现成为了可能。

和之前 PC 端的 Minisite 网站不同，H5 网站在交互上有着更大的延展性，而且凭借移动互联网全新的受众人群，H5 网站也更具备优势，它把超媒体的内容从小众网站逐渐变为了公众内容。

而超媒体的具体特征我们归纳了 3 个基本点：

带多样的人机交互特征　　　　多种媒介形式的融合　　　　互联网领域的无限传播

## 超媒体实现的4个条件

### （一）网络速度

因为超媒体的内容不像是一行短信或者一张图片只有极小的体量，它是一连串的，并且能在无限领域传输的。所以，需要较为强大的网络环境作为传播支持。因为 4G 网络的大量普及，才使得多种媒介的无线传输变成了可能，网络速度越好，呈现形式就可以越复杂、多样，而在 2G 时代，这是不可能想象的。所以，H5 网站有条件火爆起来，网络环境是它的传播基础，随着网络环境的不断优化，H5 的表现力也会逐步提升，现在也还是开始阶段。

网络速度

超文本语言

设备支持

超媒体思维

### （二）超文本语言

超媒体实际就是超文本语言的衍生，它们在本质上是一致的，只不过超文本管理的对象是纯文本，而超媒体管理的对象从纯文本扩展到多媒体，为强调管理对象的变化，就产生了超媒体这个概念，超文本是超媒体的基础，巧合的是 HTML5 就是当下最新一代的超文本标记语言，超媒体的实现需要超文本的根基。

### （三）设备支持

对于浏览器设备的支持也是实现超媒体的重要因素，如果你的手机性能较差，操作系统过于小众，在浏览 H5 网页时都会遭遇卡顿和缓慢的摧残，因为很多网页携带了大量复杂的编码形式，例如 3D 空间、游戏操作等等，这里 iOS 设备，在体验上将会优于安卓（Android）系统，新系统相比老系统有着更为优化的兼容性。

### （四）超媒体思维

谈到超媒体思维，这是当下 H5 从业者最为缺乏的，设计师往往都是视觉动物，在传统媒介搭建起的整个教育体系让大部分设计师缺失了对新媒体的综合设计能力，现在的媒介已经不像过去那么简单，智能设备已经让我们可以综合声音、画面和交互这 3 个因素，画面退变成了整个设计内容的一个环节，设计师需要有更强的洞察力，需要了解声音和画面的结合方法，需要认知动效以及人类感官的多种特性，超媒体思维不是画面思维，它需要你更了解综合感官，而本书的后半部分将会详细地为你讲解具备超媒体思维所需的一些入门知识。

## H5是超媒体么？

营销类 H5 由 H5 延伸而来，有着超文本语言的标记代码基础（HTML5）。H5 利用了多媒体的传播方式，并且还在前进和摸索中，逐渐开始从最初的多媒体形式展现，到尝试分解媒介内容并重新组接向超媒体形式过渡，由于 4G 网络的不断普及，这种尝试和开荒会越来越明显。在当下，营销类 H5 是最为贴近超媒体的数码设计形式，不同于 UI 领域的 APP 设计，它们更偏向操作性，对声画的运用会因为功能的需要受到不少限制，多数产品也还是以原生开发为主。也不同于游戏领域的诸多 APP 产品设计，营销类 H5 立足于无限互联网传播，形式更为多样和丰富。而且随着时间的发展，营销类 H5 的设计经验和方法必然会影响到功能性 APP、游戏类 APP，甚至是更为宽广的领域。

H5 设计师的能力也不再只停留为视觉展现，画面将会降格为一个必要技能，设计师需要的能力变为了综合感官能力，而本书将会在随后的章节里具体归纳和总结与营销类 H5 相关的设计方法与案例分析。

　　重新再想起三位前辈的描述，"少则多"的经典设计理论在指引我们设计要追随功能，而互联网时代设计的主战场理应跟随互联网的众多新特性，依赖传统媒介的平面设计将会退为经典。这就像当初新艺术运动时期面对工业设计浪潮的那些设计师们，他们热爱手工业，极力捍卫手工业。但是，再优秀的作品也无法抵御时代的变革。现在的时代变革就是互联网引领的数码设计浪潮，而 H5 就是它的表象之一。

　　未来 H5 的发展绝对不止在营销领域，甚至有行业专家预言，H5 是下一代互联网的基础样式。它的前进还将会历经坎坷，但是不能否认的是，它将会成为未来数码设计的基石，成为现代设计向未来设计过渡的一个重要过程，是未来数码设计师的先行军。而那些提前参与 H5 设计并思考未来的设计师们将会成为未来数码设计的主力军，这个时刻在如今的互联网速度下，可能很快就会到来。

**阅读延伸：**
**一个问题竟然让苹果二当家懵逼了！**
**记者到底问了什么？？**

扫描右侧二维码 - 观看行业分析文章

# 1.4 \ 一个水果的比喻，让你认识 H5 的优势

　　想知道 H5 好在哪里，最好的办法是做对比。用 H5 营销设计和传统营销设计作对比，在公平上有失客观，但却能让你非常直观地看出差距。为了更容易理解，我就在本节给你打个有关水果的比喻。

　　假如说中国移动互联网是一个巨大的水果批发市场，而每一种水果代表一种设计类型，那么 UI 设计、平面设计、H5 设计、传统广告设计都是不同水果类型，企业和用户作为购买水果的买家，他们选择水果的标准又会是什么样子呢？

　　在分析和归纳下，我们发现人们选择水果的标准大体上可以分为这 4 个要素：

## 水果是否有营养价值

　　传统营销设计的呈现主要集中在纸媒体和视频媒体，偶尔会给你放个彩蛋，做个线下体验互动，但那些都是个案。在平面呈现上基本比较单一，全是静态画面，再好看，无非就是一张纸。设计的动画视频再精彩，还是与用户有距离感，想互动是件太难的事情。

而 H5 的设计展现形势是综合的，交互概念的贯穿，使得我们能够把很多形式串联在一起！可以试想一下，这是一个能把电影、美术、设计、文学、音乐通过交互穿插在一起的新媒体。

互动形式也较为丰富，各种触控滑动点击、摇一摇、重力感应、环境感应等，都会和设计形成互补关系，给用户带来新体验。而且 H5 可以跳转到各种你想要引导的外链接，不管是官方网站还是产品 APP，所有的信息也可以同步修改。不单单表现形式已经从单一的视觉转化到了更广阔的领域，而且在内容灵活度上也达到了前所未有的可操控性，这些事情在传统设计中很难办到。从用户体验的维度上来说，H5 设计营养价值更高。

## 水果是否新鲜，好吃

因为智能手机的普及，HTML5 等一系列新标准得以确立，才出现了类似 H5 这种网站形式。传统设计的展现方式依赖的是纸张和视频媒体，而 H5 依赖的是最新的标记语言规范、移动互联网和智能设备，这就意味着 H5 是一个非常新鲜，具备极大发展潜力的内容。

H5 网站，尤其是营销类 H5 从 2014 年初开始发力，从最初的"未来的汽车特斯拉"

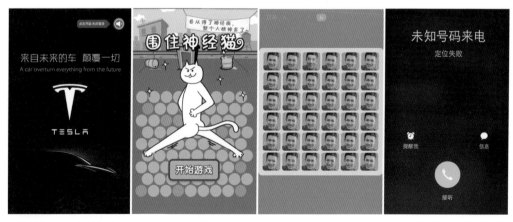

特斯拉 - 来自未来的汽车          围住神经猫          寻找房祖名          这个电话你敢接吗

的初露锋芒，再到"围住神经猫"和"寻找房祖名"的全新畅快体验，以至于之后的"我们之间只有一个字"和"这个电话你敢接吗"等一连串全新互动体验的出现，渐渐开始引爆移动互联网。

虽然这个非常新颖的领域还处于初期发展阶段，还伴随着盲目跟风和行业乱斗，但不少优秀作品真的开始出现了，H5也再不是靠颜值叫卖的水果，它是首个大范围可以融入视觉、听觉、交互的社会化传播内容载体，它把传统依靠视觉传播的内容，直接扩展到了体验的全新层面，评价一个H5的好坏再也不是画面的好坏，而是体验的优劣。在这个维度上来说，H5是更好吃的水果，它能给用户更好的感受。

NO.3：这是一支带有里程碑意义的H5网站，在时间维度上它虽然不是第一个出现的营销类H5，但它却是行业公认的第一支相关作品，上线于2014年年初。如今看来，这个作品的外貌非常普通，页面设计也不够好看，可是在当时却给人带来了极为新鲜的感受，因为大家都没有见过这种带交互的手机营销类网站。也因此，H5随后在营销领域得到了长足发展，以至于繁盛。

## 水果的成熟周期

传统广告营销要经历：Big idea 的制定、策划的跟进、无数次的讨论、设计和文案的反复修改，一套大的推广往往成型周期会持续数个月，要极力追求完美无瑕和高端大气。在加上跑各种印厂、跑各种媒体投放、找各种渠道商博弈、砍价、争抢广告位……这个时间又要数周！从构思到成型是一个漫长的过程，而且广告人还特别恐惧错误，因为丢出去的东西不易修改。

相比，H5 就灵活多了，虽然从创意到构思到设计操作再到实现阶段依然有和传统营销类似的流程，但完全避开了复杂的媒体枷锁，一方面 H5 能够借助服务器的数据来对内容的

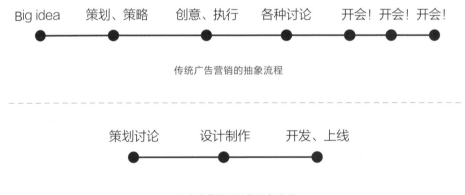

传统广告营销的抽象流程

H5 类广告营销网站的抽象流程

方向和打法做出分析和计划；另一方面，我们不再需要长久的制作等待，投放也变为了上线，点一下的功夫就能把内容推到受众面前，设计文件存储在服务器也可随时修改调整，能够和用户阅读内容同步，修改灵活自如，大大地提升了创作效率。也只有在 H5 这个领域，我们做到了即时同步，而移动互联网初期的原生 APP 时代，依然需要下载更新的烦琐修改方法。可以说周期是 H5 相比传统营销的一大优势。

■《天气改变命运》H5 项目截图

但不足之处也较为明显，虽然推送快速，但是多数 H5 只能在上线的 2 ~ 4 天内达到高活跃度，之后便会因为入口问题，难以提高访问量。这和微信朋友圈多数图文推送命运类似，只有极少数成功案例能做到持续火爆。寿命短，也是相对于周期短带来的连锁反应，而适当的媒介投入和日新月异的推广方式，能补足这个劣势，像是 2016 年的 H5 作品"我的精神角落"、"阿惠"就在系列续集的形式上弥补了内容传播周期的不足。

在制作周期上，H5 有着短、频、快的特点，成熟的团队从接到项目到项目上线仅仅需要 2 周左右的时间。而随着产业发展，在 2016 年里约奥运会期间，墨迹天气的 H5 作品"天气改变命运"这套作品做到了 17 天 18 支 H5 的极快迭代，每天根据赛事热点及时就能生成相应作品，这真的是传统营销连想都不敢想的事情（案例见本页上方截图）。

## 水果是否物美价廉

就人力成本和资源投入来说，H5 和传统营销的差别实际不小：

**创意策划——设计执行——技术实现——上线**

**创意策划——设计执行——物料制作——出街**

这是一个大体流程概述，特别是媒介投放，H5 有着传统广告没有的优势，H5 能够自传播，你做好的内容直接分享出去，就可以造成传播，如果作品够出彩，我们甚至可以不做任何投放，就达到很好的传播效果。即使是花经费去投放，从精准度、受众人群、传播范围上来说，也远远小于传统营销的投入。利用门户网站、自媒体平台、朋友圈广告和具体的相应媒介很快就能把内容散播出去。

而传统广告营销就不同了，做好的内容，只有通过媒介才能传播开来，要借助电视台、公共广告牌、地铁平面媒体等，这些媒介除了花费较为昂贵，同时受众人群也比较固定，不像是 H5 在推广上有非常大的潜力，理论上来说，所有用手机上网的人都可能会看到你的网站。而且大量 H5 设计工具和应用模板也拉低了行业的制作门槛。综合来说，H5 的制作费用要远低于传统广告营销。

但针对于 H5 整个推广渠道来说，基础设施的不完善和人才的缺乏依然存在，面对巨大的优势，挑战也同样巨大。

> **小提示：**
> 由于 H5 太具备传播优势，也随之造成了大量居心不良的开发者和媒介商的跟风混入，他们利用新技术和新市场不规范的空档，刷出了大量虚假流量，制作出了很多没有的效果。因此，从道理上来讲，H5 网站在推广上具备压倒性优势，但在市场利益的追逐中，我们很难看到它真正正常发力。相比传统广告营销，它还缺乏良好的监督体系。

■ 平面与 H5 还分不清？快看！一张图扫盲误区！

在对比中，我们发现 H5 神果具备优质水果的所有优点，不光是互联网行业和广告营销行业，很多传统行业也开始迷信 H5 的功效，所以才造成了一经推出就受到市场疯抢的情况。但如果当所有参与者不够理性时，一个很好的上市水果也会被人做烂、做得不再好吃、做得没有营养。而在 2015-2016 这两年间，这样的买卖在互联网这个水果大市场频繁上演着，大量的开发者盲目跟风和盲目效仿，最终让很多用户感到疲惫。

H5 虽然是神果，但当你大量使用农药、催化剂、肥料盲目增加产量时，也同时在降低它的固有价值，而借助水果的比喻，你应该更清楚 H5 网站的优势了。

最后，为了让读者能够更直观地看懂 H5 广告和传统广告的区别，小呆特别设计了一组扁平插画，通过下方阅读延伸可以观看，也作为本节内容的一个总结。

阅读延伸：
**平面与 H5 还分不清？快看！**
**一张图扫盲误区！**

扫描右侧二维码－观看行业分析文章

# 设计流程与规范技巧

秩序和规范是进行系统化工作的保障，不管是门类众多的产品设计，还是形式多样的广告设计，它们都有着不同的设计规范和设计流程，营销类的 H5 网站同样如此。

在本章节，我们会系统地讲解营销类 H5 网站的设计流程和具体规范。让设计者了解整个 H5 网站的设计究竟要经历哪几个具体环节？究竟要侧重哪几个设计要点？究竟要用到哪些主要工具和哪些辅助工具？究竟需要学习哪些相关的专业知识？

# 2.1 \ H5 的设计流程

在本章节，我们就以时下最主流的营销类 H5 为方向，来给大家讲解下常规情况下，H5 的设计流程究竟什么样子：

## 目前H5在设计方法上可以笼统地划分为三大类型

### 1. 互动广告派

这个大类主要由目前新型的互动营销类公司所构成，设计由互动创作部完成，通常创意总监( CD )来主导项目，作品多数比较侧重创意和美术，文案喜欢讨巧走内涵，步伐相对稳健，这类团队多数是从之前 PC 端的 Minisite 设计转型而来，结合如今的 Social 创意。但是技术普遍比较薄弱，传播性有限，而他们通常设计 H5 的主要方向也都会落脚在营销上。

- ■ **优点：** 创意好、美术强
- ■ **缺点：** 技术弱、对产品的深入程度有限

## 2. 互联网设计派

这个大类主要由国内的互联网公司为主导，由各大互联网公司的 UED 团队和相应的设计部门负责设计产出，由产品经理（PM）主导项目，作品在描述上多数比较直白，文案直接，甚至是"粗暴"，作品对于人性的洞察力往往逊色于互动广告派，但有较好的技术，并且团队往往对自身产品的认知度较高，他们做的营销类 H5 在短期内传播效果明显，但是消亡速度也更快。而除了营销类 H5，他们也会用 H5 做其他东西，例如演示幻灯片、数据报告等。

■ **优点：**技术支持较好、对产品理解更为深入
■ **缺点：**创意表现能力不足、设计执行力有限

## 3. 工具执行派

这个领域的 H5 设计师，可以说是 H5 设计最为庞大的阵营，他们的背景多数是转型设计师，或者是个人工作室，依托 H5 相关的设计工具，为中小企业设计 H5 网站。他们设计的营销类 H5 以设计表现为主，往往缺乏推广渠道和专业的制作水准，但是由于其灵活的合作方式和较为低廉的制作费用，同样赢得了比较大的行业市场。

■ **优点：**反应灵活快速、制作成本较低
■ **缺点：**作品整体水准受工具限制、缺乏推广渠道

本章节所总结的设计流程不属于上面列出的任何一派，而是综合了三派优点总结出的，不管你是什么样的分队，都会具有参考意义。H5 的具体设计部分虽然只占整个流程的一个小分支，但作为设计师的你却要贯穿始终，了解这 5 个分支。而流程也会从一个侧面告诉了你，想要做出一个好的 H5，究竟需要经历哪些环节，会涉及到哪些因素。

了解需求　　　　　　确定形式　　　　　　设计表现　　　　　　开发执行　　　　　　数据统计

## 了解需求，选好方向

每支 H5 的设计都是建立在具体需求之上的，当你拿到需求时，需要先搞清楚做这个网站设计目的是什么？每个项目追求的目的都不同。例如：推广新产品、促销活动、为网站引流、传播品牌形象等。

要从不同的需求来挖掘目标背后的特点和优势。假如说，我们现在需要推广一次免费看电影的活动，那么**免费**和**电影**就是特征，而围绕免费我们可以发散出很多相关的点子，比如说 "省钱、机会难得、很有意义" 等等，都是可以继续深入洞察的方向，这需要结合自身产品的优势和活动目的来进行发散，这是设计的第一步，也是最重要的一步。目的性模糊的 H5 项目的启动是盲目的，它会给你带来麻烦，并且最后会难以客观评估项目效果。下面我们来举 2 个商业案例：

2016 年新年期间，沃尔玛希望在这个契机做些品牌曝光，从而提升品牌知名度，这就让我们得到了一个设计方向：这是一个轻营销而要好玩的项目需求。

NO.4: 沃尔玛最后推出了一套主题是"为家人长脸",那些在外地漂的人过年回家的时候是不是能为家人长个脸?(升职,加薪,买房,成功……都可以给家人长脸。)围绕这个洞察点,品牌方推出了一个很有趣的 H5 游戏,给你的家长长脸吧!对于重参与轻营销的方向来说,它的方向是准确的。

NO.5: 2016 年暑期,故宫联合腾讯推出了在京举办的大学生创新大赛 NEXT IDEA,而设计 H5 的需求就是希望能够吸引更多的大学生来参与。

腾讯最后以"穿越故宫来看你"为主题,出品了一支带有调侃和穿越特征的古装说唱类 H5。可以说,"让传统文化活起来!"的定位方向,以及整个 H5 的美术风格和叙述方式都考虑到了最初的项目诉求,用年轻化、通俗化、娱乐化的方式来吸引低龄的大学生关注传统文化。而最初的项目诉求才是最后决定作品面貌的关键因素。

## 确定表现形式

当定位和内容方向明确后，下一步就是要围绕定位构思表现形式了，H5 的表现方式目前已经非常多了，并且还在不断创新，我们究竟选什么样的表现形式好呢？

- 是要讲故事卖情怀？
- 还是要强调功能，去陈述内容，做陈述页面？
- 还是说做个小游戏拼用户粘性？

......

在互联网公司，多数团队会采用头脑风暴的形式来确定项目主题，而设计师必然是参与者之一。所以，对于表现形式的认识和 Web 网页技术的了解就必不可少了，天马行空固然重要，但能够落地实现的才是有效的想法。常规来说，这个表现形式一定是最能发挥内容特征和团队优势的，你要去寻找合适的形式表现合适的内容。

当预算充足，项目又需要借助明星效应时，我们可以采用拍摄视频并且制作特效合成的方式来执行项目。像是之前曾多次刷爆过朋友圈的吴亦凡系列 H5 作品。

腾讯游戏 - 吴亦凡入伍征兵

UBER- 小爷吴亦凡，凡心所向

YOHO!- 吴亦凡陷黑客门

当整个策划和创意围绕特殊节日时，我们又可以研发针对节日特性的新形式来丰富H5，就像是在 2016 年情人节推出的"生成结婚证"，该作品是证件伪造类 H5 的第一个上线作品，由于它过于逼真的效果和较好的传播特征，也导致了该形式在 2016 年随后的 3~5月份期间，引发了一场全互联网的 H5 妖风。

当整个项目涉及到调查研究，我们的表现形式就可以围绕选择题来做文章了，例如下面的这份关于 90 后的生活报告。

这些只是众多 H5 表现形式的其中 3 种，随着技术的发展和设计师想象力的不断释放，还会有更多新颖的形式出现，而这些演示案例在形式上都有极强的针对性和落脚点，在设计

过程中，最重要是选定一个合适的表现形式，来最大程度地突出你的内容主题。当形式确定后，我们同时要设计出一个原型图，它会很类似于电影的分镜头脚本，也可以被理解为是设计前期的草图，会更有助于设计师去执行项目。

## 设计表现

到了具体设计表现阶段了，这就需要确定美术风格了。如果选择了伪装朋友圈形式，那么必然你要奔着这个方向去做得更像朋友圈的页面，去研究微信内部的页面和 UI 细节，这样的执行就特别强调临摹和还原。

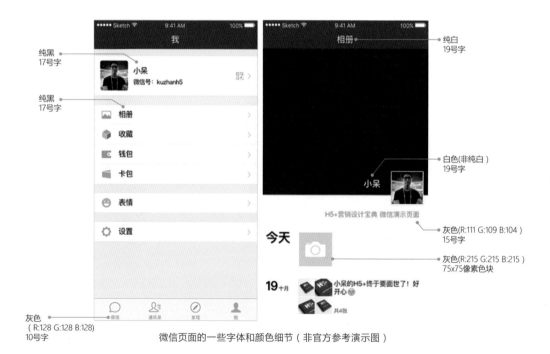

微信页面的一些字体和颜色细节（非官方参考演示图）

如果你要做一个走心的故事，那么美术风格很可能会倾向插画，需要找到相应的参考来设计画面，在调性和内容上要符合主题，并且寻找合适的配乐以及声效。

设计师需要去判断用哪种表现形式，需要什么调性，搭配何种元素、配乐和动效的跟进。搭配究竟应该是什么样子的？往往常规的设计师是应付不了这些的，这个阶段对于设计的整体把控能力要求较高，不是说你能做平面设计、能做 UI 设计，你就是 H5 设计师了，一位 H5 设计师需要综合能力，他应该能敏感地意识到多种表象形式，包括音乐、动效、甚至说视听蒙太奇的融合……

现阶段，由设计团队来产出优质的 H5 比较现实，而落实到个人创作，难度依然很大，但即使是有专业的动效师和音工团队与你配合作业，最终的所有内容还是需要一个专业的 H5 设计师来统一。所以说，学习 H5 相应的设计知识至关重要，本书在后续章节会具体来教你如何应用这些技巧。

## 开发执行阶段

很多人不清楚 H5 是怎么生成的，主要的方法有两种：

### （一）有代码实现

设计师把做好的分层图，这里包含了 psd 文件、png 切图、矢量文件、mp3 音频、视频文件等等，一起打包给前端工程师同事，他会将这些内容放置到服务器，用代码编辑的方式将元素合并成我们平时看到的那些 H5 网页，前端也是 H5 的最终执行者，他们对设计效果的还原至关重要，一个好的前端往往决定了一个作品的最终命运，前端工程师可以说是设计师最好的行业导师，我们一定要向他们虚心学习网页代码技术。

整个 H5 网页在代码编辑完成和测试无误后，就会上线推送到互联网。有时，前端工程师的工作量要远远高于设计，而这取决于项目的具体表现形式和难度。

设计文件打包    前端工程师开发    作品上传服务器 - 上线

### （二）无代码实现

  无代码并不是说不需要前端工程师，而是因为目前互联网上有大量 H5 页面生成工具，他们以网站形式出现，并且被冠名为第三方平台，由大量工程师开发而来，专门为没有前端资源的设计师提供辅助。你可以把自己设计好的素材上传到第三方平台的服务器，自己编辑并发布，这个过程不需要和程序员打交道，可以大大节省人力成本，并且更为简单快捷！但弊端在于，这类平台功能比较单一，效果也比较有限，普遍都是幻灯片翻页的形式，而通过工程师生成的 H5 页面是可以达到定制化效果的，现在在市面上这类平台已经非常多了，我们会在后面的章节具体介绍它们。

设计文件打包    上传 - H5 设计工具网站    作品同步在工具商
                            服务器的上线

不管是第三方网站设计工具，还是前端工程师来生成 H5，都需要设计师清楚你想要做出的页面效果，前端工程师才能决定是否能够实现出来。而与前端工程师的沟通，从你设计的一开始就要进行了，尽量避免一切设计都做好了，而前端无法实现的尴尬情况。因此，设计师与前端工程师的沟通至关重要。

## 数据总结分析

实际前面 4 个过程的设计打法和传统互联网设计类似，但数据总结阶段是 H5 特有的，各类数据会告诉你网站的受欢迎程度和不足之处，我们现在的数据统计已经比较强大了，服务器甚至能够监控到每一个页面各个位置的点击情况，即使数据没有那么详细，通过 PV、UV 量和跳出率你也会对作品的效果有大概的认识。

PV（Page View）
通常指网站页面的浏览量 / 点击量，用户每 1 次对网站中的单个网页访问均被记录为 1 次，用户对同一页面的多次访问，访问量会被累计。

UV（Unique Visitor）
指网站独立访客，不同于 PV 量，UV 会记录访问网站的不同 IP 数量，而不会累积，它的指数可以让你知道究竟有多少人访问了网站，而不是网站被打开的次数。

跳出率
只访问了入口页面（例如网站首页）就离开的访问量与所产生总访问量的百分比。而对于跳出率，又有着非常多的测算方式，计算首页跳出只是其中一种方法。

IP（Internet Protocol）
中文意思为网络协议，而 IP 值指在 1 天内使用不同 IP 地址的用户访问网站的数量，同一个 IP 不管访问了多少，都会被记录为 1 次。

| | 浏览量(PV) | 访问数(UV) | IP数 | 跳出率 |
|---|---|---|---|---|
| 今日 | **129,500** | **70,670** | **49,670** | **59.67%** |
| 昨日 | 99,550 | 12,005 | 7,034 | 80.7% |
| 预计今日 | 29,950 ↑ | 58,665 ↑ | 42,636 ↑ | -- |

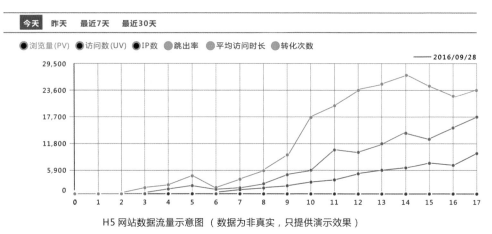

H5 网站数据流量示意图（数据为非真实，只提供演示效果）

你设计的创意和作品的表现形式好不好，推广到不到位，时间点掌握得恰当不恰当……数据的成绩单很快就能引导你接下来应该怎么调整战略和打法。所以，总结阶段比较关键，这是 H5 特有的属性，随着行业的发展，H5 设计对于数据层面的专业人员要求也将会越来越高，这个领域目前仍然不够被重视，也是人们总会忽视的一个阶段。

如果你的 H5 走的是开发设计方式，那么你可以通过前端工程师来了解具体数据情况，如果你使用的是 H5 工具，那么你可以在工具后台看到各项数据参数，现在所有的第三方工具平台都开放了相应功能，未来的设计肯定会和数据联系得越来越紧密，而 H5 只是一个开始。

NO.8~9：本书最后特别为读者搜罗到了腾讯出品的 H5 移动页面用户报告，案例中详细归纳了目前 H5 网站在数据方面的特征。

总结整个 H5 设计流程的目的是为了让不了解 H5 设计的读者能够形成完善的脉络，对 H5 设计不会太过于陌生，我们通过观看具体 H5 案例的方式让读者更容易理解 H5 设计中的诸多特点。而在整个设计过程中，创意和技术是贯穿始终的，参与者随时可以打破这个常规流程，对于一个新兴的事物来说，不存在完善的流程，只存在优秀的案例，而 H5 的设计流程，也会随着互联网的发展不断被完善。

# 2.2\H5 常用设计工具箱

　　H5 是目前涵盖领域最广的一种传播媒介，涉及到的设计工具也是目前最为庞杂的，几乎达到了无所不用的境界。而作为设计师，还是要根据自己的优势掌握技能，你不可能学会所有技法，由于多数设计师是从其他相关行业跨入这个领域的，所以需要根据自己本身的优势来选择工具学习。即使是使用专业的 H5 生成平台，也很难做出理想的效果，目前 H5 设计领域还没有统一的标准工具，需要利用多种软件来搭配制作。

　　下面，本书会列举出常用的设计工具，学会了它们，你就基本可以应付大多数挑战了！

## H5设计师使用工具

### 最全能设计工具：Photoshop

　　Photoshop 对所有设计师都不会陌生，在 Adobe 的产品线里面 Photoshop 是个极为强大的综合应用软件，尤其在 H5 领域，PS 真的成为一个万能工具。如果你在百度搜如何用 PS 编辑声音或者视频，还会看到很多大神告诫你那是不可能的。实际上当 Photoshop 升级到 CC 之后，它不但可以完成矢量图像的绘制，而且还能够对视频和声音进行编辑，拥有时间轴工具，可以编辑一定难度的动效和添加简单的特效命令，虽然涵盖功能与专业软件仍有差距，但基本可以满足设计 H5 的常规需求。

Adobe Photoshop CC

用 Photoshop 做画面、动效、剪辑视频、修改音乐都已经能够一气呵成。所以，H5 的设计者，有必要深入研究下 Photoshop 的众多新功能，尤其是时间轴命令，可以帮助你快捷完成任务。

### 辅助设计工具：Illustrator、Sketch

Illustrator（AI）和 Sketch 作为专业的矢量绘制软件，在 H5 的设计上基本起到了辅助作用，便于线框图的绘制和快速表现画面，弥补了 Photoshop 多图层来回操作的烦琐，对于转型平面设计师来说，AI 的使用能让你在字体上更显优势，而 Sketch 主要应用于 UI 界面设计领域，它更适合用来设计手机的多种 UI 界面，同样对 H5 设计起到了很好的辅助作用，矢量工具的选择要看个人习惯和专业背景。

Adobe Illustrator CC

Sketch

### 特效工具：After Effects、CINEMA 4D

AE 和 C4D 是栏目包装设计行业的黄金搭档，由于 H5 的媒介特性，使得它具有跨界的表现能力，我们可以利用这些特效软件制作出炫酷的画面，随后利用序列帧 / 视频导出画面并植入 H5，目前多数炫酷的 H5 案例，都是利用这类软件来辅助设计的。当然不只是这两款软件，像是 3dmax、Maya 等多类设计软件都可以来辅助设计 3D 表现画面和制作动画。这类工具属于特殊 H5 所需要使用的，建议设计师根据情况，选择学习。

Adobe After Effects CC

CINEMA 4D

### 声画编辑辅助工具：Final cut、Garage Band 等

目前来说，大多数 H5 对于声音和视频的要求还没那么高，我们利用 Photoshop 的简单功能就能达到演示效果，但如果你能够掌握一些专业性更强的工具，自然会用得更得心应手。苹果用户推荐使用 Final cut，学习成本相对较低， PC 用户推荐使用 Premiere 等软件工具，上手快、功能相对全面。

Adobe Premiere CC

final cut

Garage Band

而 Garage Band 是 MAC 音乐制作软件，不仅仅能够剪辑音频还能进行更为深入的编辑，有兴趣的设计师可以自行研究。如果遇到需要声画方面的修改和编辑，相信这些软件是非常实用，并且容易掌握的。

# H5动效展示工具

这部分设计工具主要为定制型 H5 设计准备，当你利用第三方网站工具设计 H5 时，通常不需要做演示和技术人员沟通。为了更好地表意，我们需要制作出相应的演示动画，当内容复杂时，甚至还需要画出详细的原型图。而一提到动效，好多人第一反应就是难学，门槛太高！在这里给你推荐几个 H5 设计的演示神器！

## Keynote

Keynote 是幻灯片软件，近年来 UI 行业慢慢流行起利用 Keynote 来设计 APP 原型，以及演示动效。因操作简单，功能繁多，我们可以在开发前看到演示效果，不只是 BAT 这样的知名企业在用，就连苹果公司内部也在使用 Keynote 来设计演示效果，苹果的 WWDC 开发者大会就是利用了 Keynote 来进行效果演示的。

这款软件和 PPT 不同，它前身是乔布斯的个人工具，后来才逐步推向市场，它在功能上追求极简，在体验上有着苹果的一贯特征，所有掌握它的设计师都再也不想开 PPT 了。而缺点是只有 MAC 系统可以使用，如果你是 MAC 系统，电脑自带就有 Keynote 软件，当然 PC 用户也可以用 PPT 来做辅助的效果演示。

PowerPoint

Keynote

## HYPE

如果你觉得 Keynote 无法满足你，那么 Hype 这款主打 HTML5 设计的移动端软件绝对不能错过！它不仅包揽了 Keynote 的动效功能，还加入了动力学模块和时间轴这样的高级命令，它结合了 AE、Keynote、Flash 这些前辈的多种优势，并且拥有自主响应式设计功能和将 H5 页面直接自动生成代码的能力，我们甚至可以不依靠程序员直接将作品上传服务器，它是真实存在的设计神器！

虽然目前 Hype 生成的代码在移动领域还有不少制约，但是它很可能会成为下一代设计工具的领航者。

hype3

Adobe Premiere CC

Adobe Photoshop CC

## Photoshop\After Effects

这里面我再提一下 Photoshop，利用 PS 也可以做动画演示，只不过操作会比较烦琐，而效果却介于 Keynote 与 Hype 之间，根据你的能力来选择工具。

AE 大家都不陌生，单从效果上来说 AE 具备更为细腻的表现力和更为出彩的演示能力，不过学习成本较高，如果上述工具都无法满足你对于演示需求的话，那推荐学习这款软件。

演示的工具种类特别多，在这里我把最常用的列举给大家。

# H5设计生成工具

## （一）定制化 H5 生成工具

定制化的 H5 都是通过前端工程师来实现的，大体上程序员会用到 HTML5、CSS、JS 等相应语言，设计师不需要学会使用，但需要了解。这里推荐给大家一些专业的门户网站，看完了这些你基本会清楚 HTML5 包括这些标记语言的作用，从而更有利于你的发挥和创作。

① 这是 FWA 搭建的 HTML5 相关动作效果库，你可以通过这个网站了解到 HTML5 究竟可以实现怎样的动态效果。

② W3C 官方搭建的在线学习平台，内容简单直观，你可以通过该网站非常清晰地了解到什么是 HTML5、什么是 CSS、什么是 JavaScript 这些代码基础知识。

③ 酷 5 是本书配套的学习媒体平台，在该平台上你可以看到大量 H5 学习素材，而且内容还在不断更新，扫码可以跳转到网站。

## （二）网站类 H5 生成工具

这类生成工具主要以网站和 APP 的形式出现，一般需要在线编辑，并且能够及时生成，不用通过前端工程师，设计师可以自行完成各种操作，实用并且高效。但是不足之处在于，它们可实现的功能比较有限，大量后台数据又难以获得，一些功能需要付费，我们曾经习惯的打补丁破解的套路，在如今的 H5 生成工具这个领域算是被终结了。这类工具主要分为两大类：

### 模板类

例如：易企秀、兔展、MAKA、初页等。

这类工具上手很快，学习简单，但功能有限，可以快速高效地设计出一支 H5，而和 Photoshop 等工具进行搭配使用，还是能够做出具备专业性的作品的。

目前国内主要的 H5 模板类网站

### 功能类

国内主要工具网站有： 互动大师（iH5）、意派 360、木疙瘩。

不像是模板类 H5 平台工具有模版可以套用，功能类的 H5 生成工具更像是 Photoshop 它拥有一个比较系统的操作界面，功能相对全面，并且能够做出近似于定制化的 H5 作品，而且工具在不断升级，可以做很多种交互方式，未来发展潜力很大。但是这类生成平台拥有较高学习成本，需要一定时间钻研和学习。不过网站都配套有相应的学习课程，如果你是一位没有程序员支持的设计师，那么功能类 H5 工具会非常适合你。

目前国内主要的 H5 功能类网站

工具没必要全部掌握，选择你熟悉和实用的就可以了，给大家参考下通常我设计 H5 的工具选择范围，这里只是给初学者提供参考，随着时间的变化，工具也在不断更新。

### （三）开发类 H5 设计时，我的选择工具习惯

带有开发的设计案例，如果要求常规简单，我会采用：

Photoshop 用来设计画面和元素
Keynote 用来做演示和前端工程师沟通

如果设计项目要求复杂，带有视频、特效、音效时，我会采用：

PS+AI+Final cut 负责完成画面的设计和视频、声音的剪辑。

Keynote 用来做演示和前端工程师沟通。

## （四）而对于网站类 H5，我会采用这样的工具搭配

内容呈现简单时的 H5 设计我会选择：

PS 设计画面，并存成 png 格式图片

然后上传到工具网站，利用工具来生成 H5

内容呈现复杂时的工具选择：

同样，前面的工具制作出我需要的分层 png 图、声音、视频。

后面通过工具来设计生成作品。

## H5常用辅助设计工具

### PS Play

可以非常方便地让你在手机上浏览到Photoshop页面的设计效果。在APP STORE你可以找到这个应用，安装后它有教程告诉你怎么使用。

### 图片压缩工具

相应的工具很多，这里介绍两个最常用的网站：
tinypng.com（最常用的图片压缩网站）
zhitu.isux.us（腾讯出品的压缩工具平台，口碑一直较好）

### 二维码生成工具

二维码生成工具在互联网上非常得多，在这里比较常用的有：草料、薇薇等，部分高级功能需要付费开启。

### 声音/视频压缩工具

这里我们会推荐些小工具用来压缩视频和音效，像是PC的格式工厂、苹果的Garage Band、Video Converter等软件。

了解了工具并不代表你就会设计了，很多设计师都熟练掌握了工具，但依然做不出好的H5。工具固然要了解，但设计方法的运用才是最重要的，在第3章我们会具体来讨论H5的设计方法。

# 2.3\H5 页面尺寸设计注意事项

　　熟悉 Native APP 开发的设计师都会被尺寸规范搞得晕头转向，同样的页面为了适应不同手机屏幕，要切一大堆图，仅仅做一款 APP 启动页，就有十几个页面尺寸要去调试，而 H5 的跨端响应式特征把如今的页面尺寸规范变成了一件简单多了的事情，我们只需要设计一套页面，就可以响应大多数的手机屏幕了，那页面究竟应该做多大才合适？

■ **Native** 必须有多套切图

■ **H5** 只需要一套切图

Native APP 部分屏幕样式

H5 主要屏幕样式

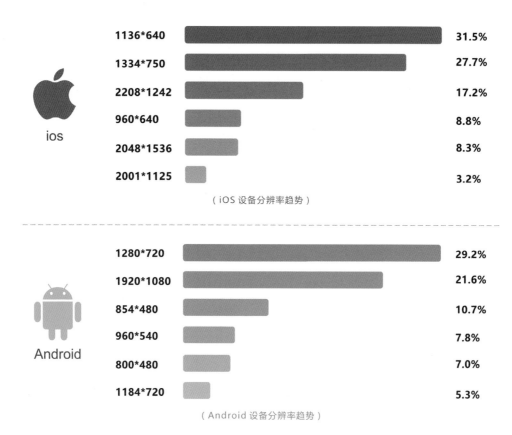

（iOS 设备分辨率趋势）

（Android 设备分辨率趋势）

上图数据来源于 2016.1~2016.10 有盟 指数榜

　　实际页面尺寸的大小和主流用户使用手机屏幕的分辨率息息相关，这里我们找到了 2016 年 1~10 月份的手机屏幕使用趋势图。从人群分布来看，在安卓（Android）端的主流分辨率是 1280x720 ，而在 iOS 端的主流分辨率为 1136×640。

在开发领域多数企业会以 iOS 适配为先，所以 1136×640 就成为了主流分辨率参考尺寸，而目前多数 H5 设计师也在使用这个尺寸设计页面，随着 iPhone 6 的不断普及，1334X750 这套屏幕尺寸，也开始被不少公司和团队使用。但是，究竟使用哪套最为合适，这需要兼顾到页面体积的大小和具体公司相关技术的尺寸指导规范这两个因素。

总的原则既要满足显示需求，又要降低用户加载图片需要的带宽。所以，我们也经常会看到很多 H5 的初始尺寸被设置为了 1280×720（部分 Android 类手机产品的推广 H5 会采用这个尺寸），这也是十分正常的。在当下，1136×640 依然是主流分辨率，但是设计图的大小规范会随着主流设备分辨率随时发生变化，在 H5 这个领域是没有恒定规范的。

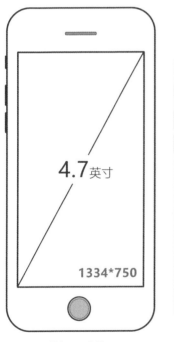

iPhone 6/6s

iPhone 5/5s

分辨率在应用和设计领域还被分为了"物理分辨率"和"逻辑分辨率"这两大类，而我们文中所讲的分辨率主要指的是物理分辨率，因为 H5 的页面设计和原生 APP 有所不同，所以在本书中就不展开分析它们的区别了。

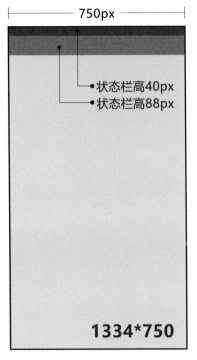

iPhone 6/6s

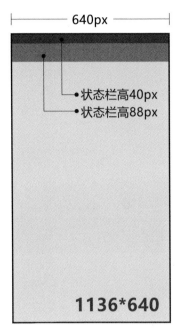

iPhone 5/5s

如果你使用 H5 第三方工具设计 H5 的话，各个平台会给你提供相应的尺寸参考，你设计时要留意各个尺寸的演示效果，都非常傻瓜易用，很快就能学会。

而如果你和前端工程师一起合作开发 H5 网站时，他会告诉你具体需要多大的尺寸，Web前端的规范还会涉及到物理分辨率和逻辑分辨率的差别，由于目前 H5 设计与 APP 设计还有较大差别，并且 H5 页面还没有像是 APP 设计那样能达到全矢量化， 本书就不展开细讲了，在这个领域，设计师还需要多和前端工程师进行沟通，本书提供的是最通用的基础知识。

但是，有时前端工程师会要一个像是 1008×640 的尺寸，它和常规的屏幕尺寸不同，这又是为什么？

原来，即便手机的尺寸是 1136×640，但是每个 H5 页面都会有一个顶部导栏界面，尤其是在微信内，它的作用是让你能够退出当前页面，并且能够显示当前页面的网站名称、基本信息等等。所以，通常我们会建立一个 1136×640 像素的背景文件，然后预留出 640×128 的这部分的位置空间，如果是 750 像素的宽度，这个尺寸就会变为 750×128，以此类推，安卓机屏幕道理类似。

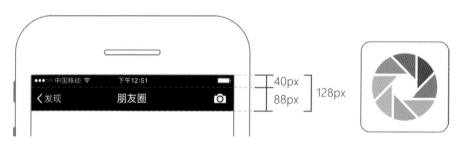

微信朋友圈导航栏的尺寸规范示意图

目前网上也有很多教程会提示你在设计之初，先标出一个安全范围线，提示自己画面的主要内容不要超过这条线，以方便后期不同机型的适配，以 1136×640 为例，这个安全范围线的高度，我们就看了 812、960、1008 等多个版本，实际道理和上文讲述的内容是一样的，要预留出顶部导栏的空间，同时不让画面元素出现拥挤的视觉状态。

而想要在不同设备上都达到最好的效果，还是要通过不同端口的适配和测试来得到。在这个

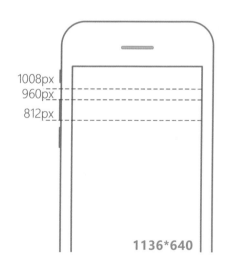

领域，前端工程师要花费的精力远比设计师大的多。

最后，给读者们提供一些内容补充，如果你想获得更多关于移动手机趋势相应数据的报告，本书推荐你登录以下网站，经常了解行业设备的使用趋势，有利于你的内容设计。

带有移动数据报告的 PC 端网站推荐

# H5 的设计方法

H5 的设计因为包含了太多门类，所以在设计方法的描述上有着相当大的困难，对于一种全新的媒介来说，再详细的方法论也不能应用到每一个案例。

为了能够让更多人真正地学习到有效的 H5 设计方法，本书独创性地将 H5 的设计重点划分成了：原型绘制、内容表达、版式设计、文字设计、动效设计、声效设计这 6 个关键分支，H5 的设计再也不是单纯的视觉表现，它综合了视觉、听觉、交互这 3 个大类，它是未来"数码设计"的基石，是超媒体在移动端的社会化呈现。对于传统设计者来说，转变这个概念很难，它需要你跳出固有的设计框架，去理解全新的媒介与方法，希望本章节的众多设计方法能够让你对 H5 有全新的理解与认识，希望我的归纳与总结能够让你学到有用的内容。

# 3.1\认识 H5 的原型图

## 什么是原型图

在互联网相关设计领域，原型图（Prototype）的应用十分普遍，它是互联网产品（通常指 APP 原型）执行前的框架样式，好比你设计 Logo 的草稿，设计海报的底稿，或者说又像是写书前需要构思好的大纲，是一支 H5 设计执行的前期计划，这是广义上原型图的解释。

而实际操作中，在具体设计执行前原型图又大致可以分为 3 个阶段（**线框图、原型图、高保真**）它们也分别对应不同的作用。原则上，"原型图"应由 UE（交互设计师）来完成，它是将产品的需求转化为页面的设计草稿，将页面的模块、元素、人机交互等形式利用图形、线框等描述出来。

原型图以软件或者手绘的形式进行呈现，并通过它来和 **PD**（产品设计师）、**PM**（产品经理）、**UI**（界面设计师）还有开发工程师进行沟通，从而在项目未执行前确保团队能够了解项目的设计内容、设计形式、难点和耗费周期等情况。

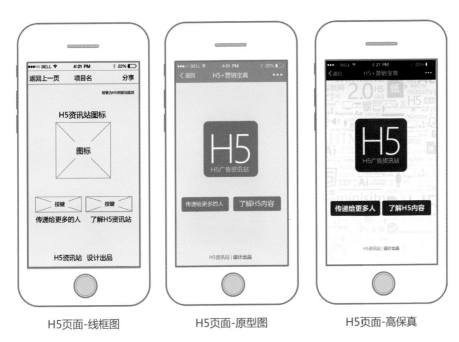

H5页面-线框图　　　　　H5页面-原型图　　　　　H5页面-高保真

在这里，本书只是提供视觉演示，而真正的产品原型图还会涉及到复杂的层级和严密的交互逻辑

## H5的原型图

　　H5 的原型图同产品设计的原型图功能性一致，但特征有所不同。营销类 H5 有极强的时效性，它没有产品那么复杂的层级，但又具备大量交互特征，它更像是电影的分镜头脚本，设计师又好比执行导演。

　　由于目前行业 UE 资源的稀缺和营销类 H5 短、频、快的特征，导致原型图的绘制工作基本由 H5 设计师代劳，有些广告设计背景比较深的设计师没有原型图意识，认为这些只是执行前要画的草稿，很少考虑页面层级和页面的交互逻辑。而稍有疏忽，就会造成体验上的障碍，为用户造成困惑，这是很多没有互联网设计背景的设计师需要特别注意的。

而制作 H5 的原型图可以大体分为 2 个阶段：

## （一）构思原型图

这里的构思原型相当于 UI 设计领域的线框图与原型图的交集，在执行的具体阶段，你可以采用专业的原型图绘制工具来实现，像是 Axure、Sketch、Experience Design 这些专业软件。

Axure

Experience Design

Sketch

但多数情况下，由于 H5 页面层级并不复杂，内容更注重视觉和创意。所以，在具体执行时，包括大型互联网公司和很多互动公司都是采用手绘草稿或者利用 Illustrator、Keynote、PPT 等软件去快速表现的原型设计方法，前期的构思原型图只要能理清设计师的思路，交代清楚具体的内容，即便是非常简单的草稿，也是没有关系。

"寻龙诀 - 活蒸一个大粽子" H5 的交互草稿图（本书收录的精品案例）

## （二）演示原型图

演示原型图相当于 UI 设计领域的高保真原型图，它也最接近成品 H5 的演示效果，由于 H5 的表现形式纷繁复杂，并且携带了大量动效、交互、声音等信息，很多动态效果又是你用语言很难描述清楚的。所以，我们通常会用演示视频来和前端工程师进行沟通，确保程序工程师真的可以理解和明白你想要做出的效果和页面的诸多呈现细节是什么样子。只有这样，页面的最终效果才更容易把控。H5 中哪些效果可实现，哪些效果不可实现，在演示原型阶段，问题就可以被更正和解决。

而如果你使用第三方工具来设计 H5 的话，那么演示原型图往往就不需要另外制作了，工具平台会直接生成演示效果，你也不需要和前端工程师进行沟通，可以说是相当方便和高效。

| 演示应该包括 | 演示应包含所有元素 | 演示的主要作用 |
| --- | --- | --- |
| 视觉演示 | 平面元素 | 前端工程师沟通 |
| 声效演示 | 声效元素 | 产品经理沟通 |
| 动效演示 | 动效元素 | 项目负责人沟通 |
| 交互演示 | 交互交互 | … |
| … | 特效元素 | |
| | … | |

H5 的演示原型通常以手机屏幕规格的视频存在，主要作用是用来演示预览效果。

## H5原型图应具备的因素

　　传统的平面设计主打静态视觉，设计出一些静帧的画面就足够了，而 H5 的画面是一连串的，在原型图上你要考虑到它们的链接关系，这些链接关系包括：

　视觉、动效、节奏、交互、声效、可实施性

　　先想好这些内容之间的存在方式，有大致思路，以便为未来的设计做好规划。

视觉　　　　　　　　动效　　　　　　　　节奏

交互　　　　　　　　声效　　　　　　　　可实施性

### （一）视觉

　　平面视觉是传统设计最主要的表现方式。而在 H5，平面视觉只是一个表现分支，在视觉上的考虑也由设计一幅画面变为了设计一套画面，并且要为可能出现的动效和交互做出提前的规划，这有点像是设计 VI 需要注意视觉的统一原则一样，这里的视觉最主要的依据就是对于用户体验的判断，而不再是简单的看一眼画面好不好看了。

### （二）动效

　　原型图需要考虑到 H5 页面内各个元素出现以及消失的方式，页面与页面之间内容过渡的效果，对于缺乏动效呈现经验的设计师来说，多参考优秀的 H5 案例和多去体会动效对于人视觉带来的体验非常重要。

## （三）节奏

当时间的概念引入设计之后，画面节奏展示将不能被忽略，就拿电影举例说，一部 90 分钟的电影，你之所以能沉下心来看，是因为它有快慢呼应的节奏变化，你的情绪随着节奏忽快忽慢、高低起伏。而一些优秀的 H5 同样有起因、有叙述、有高潮、有收尾，尤其是对于故事类的 H5 尤为如此。所以，应对不同的项目需求，节奏的快慢、张驰也需要考虑在内。

## （四）交互

没有交互的 H5 页面通常很难给人代入感，也不能称之为有效的 H5 页面，把用户的点击、触摸、互动考虑在前期，放在原型图的思考阶段，如按钮的设计、是否要用到重力感应、需不需要加入某些互动……

## （五）声效

这是一个特容易忽视的点，像电影一样，声音和画面需要存在照应关系，做出好的 H5，声音有时比画面还重要。需要选取的声音特性也一样要考虑在内，这里不必要直接找到现成的音乐，但是要先把握整个画面需要搭配的音乐调性。

## （六）可实施性

成熟的原型图并不是天马行空的无限瞎想，你一切的设想都要有具体的技术可以去实现，并且每个项目的周期和预算也都是有限制的。要提前把这些问题也考虑到项目内，你设想的效果技术究竟能不能实现，需要你在前期进行沟通。

---

这里我们大致为读者梳理了下制作原型图需要考虑的 6 个因素，在本书随后的内容中，我们会具体讲解详细的设计方法。

## 原型图存在的作用

H5 原型图就像是一个总体的计划，它能够减少你返工和摸索的时间，能够更早地向团队和项目指导人表达出你构想的设计形式和具体步骤，从而对你需要的资源进行调整。衡量一个 H5 设计师的重要参考标准就是他的原型图表达能力，这听起来有些背道而驰，但在当下的现状面前，我们更需要有综合把控能力的设计师，不管你对接多少个分支团队来完成项目，最终还是会有一个角色要统领全局，去确定用什么声效、用什么动效、用什么样子的画面，这个人就是 H5 的设计师，而他所需要做的第一步就是拥有一张思考充分的原型图。当你经验缺乏时，你的原型可能十分简单，而当你经验充足时，你的原型会包含更多内容，它是整个 H5 设计的前期计划。

H5 作品"粉丝哭倒？吴亦凡圆寸疑为入伍做准备"完整版原型图
清晰版原型收录在本书第 4 章对应的精品项目案例当中

# 3.2\把握好 H5 设计的表现力

H5 的画面表现在本书中被归纳为 3 个层面，它们分别是：**视觉气氛、形式感、参与互动**，画面表现直接牵连到了原型图的构思和规划，它是具体执行的第一步，也是我们上手 H5 设计的开始。

## 视觉气氛（传递情感）

良好的视觉气氛可以更好地引导用户理解你想表现的意图，每支 H5 的设计目的和内容气氛都不同，自然它需要营造的视觉气氛也不一样，不同气氛会牵连不同元素。整个设计需要统一在完整的调性内，是理性规划与艺术创作的结合。

如果说，H5 的设计目的是促销，那势必需要采用与促销相关的气氛元素，内容要非常直接明了，需要凸显促销信息，有时甚至需要非常粗暴。在画面气氛的表现上往往会利用到暖色来作为主色调，可参看下页截图参考。

■ 促销类 H5 截图演示参考样式（画面喜庆，内容活泼）

淘宝双 12 万能账单　　　　　星巴克 2015 年圣诞促销　　　　　KFC 里约奥运促销 H5

　　如果说，H5 的设计目的是宣传电子类产品，那整个视觉调性通常会凸显精致、严肃，给人一种品质和理性的氛围，自然蓝绿色调会成为首选，而画面会更注意科技元素的引用，给人比较强烈的科技感，可参看下边截图参考。

　　如果说，设计 H5 的目的是做一份专属会议邀请函，那么整个作品的调性通常会去营造较强的分享阵容或者是会议的神秘气氛，或者用一些与会议相关的信息来吸引用户注意，在下页本书收录了一些 H5 图例，它们都是在神秘气氛渲染上比较优秀的作品。

■ 科技类 H5 截图演示参考样式（画面深沉，内容严肃）

2016 微信公开课      锤子科技新手机推广 H5      移动工坊"一秒钟"新闻 H5

■ 邀请类 H5 截图演示参考样式（画面与主题相关，内容凸显神秘感）

2015 腾讯 UP 大会邀请函      2016 腾讯 UP 大会邀请函      腾讯视频 -V 视界大会邀请函

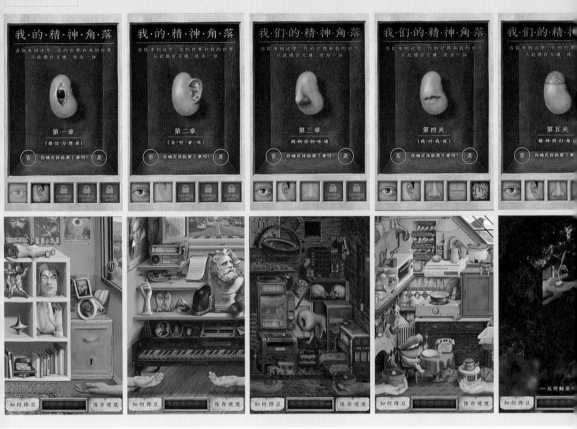

■《我的精神角落》五个章节 H5 截图（本书第五章节有项目链接）

　　如果说，你设计 H5 作品的目的是品牌形象的塑造与传递，那么通常就需要作品能够凸显出品牌独有的气质了，并需要设计师在 H5 内去试图沿用品牌自身的视觉特征，从而打造出专属品牌独有的 H5 作品。

　　例如 2016 年的 H5 项目"豆瓣——我的精神角落"这组作品，就利用人类的五感作为创作点（视觉、听觉、嗅觉、味觉、思维）来分别比喻豆瓣的 5 个板块（电影\图书、音乐、搜索\社群、美食、评价\讨论），整个项目以解密游戏的方式进行，贯穿始终的都是一个不断在成长的豆子，色调也和品牌色调高度一致，是一支和品牌自身形象联系极为紧密的 H5 案例。

　　如果你选择使用工具平台来制作H5，那么设计模板的风格与调性是不是适合所要传递的内容，这一点需要反复思考和理解，最为快捷的方法是参考类似H5作品的取舍方法，但请不要照搬，而是去思考它们的配色和元素的组织方法。

　　H5是一连串的内容载体，需要对所有页面进行视觉气氛的统一，往往一些缺乏经验的设计师会把分屏的页面设计得形态各异，虽然看上去都不缺乏美感，但当你去体验时将会造成视觉混淆，造成用户的情绪很难被牵引，而你想要表现的调性也因页面与页面之间缺乏联系从而难以延续。

　　在调性统一上，有2个需要特别注意的点：

### （一）统一的背景

　　这样做就好比为高层建筑打地基，在统一的色调和背景下，画面容易被记忆，就像是在之前章节，我们列举的"90后生活方式报告"的背景处理方式，它就用到了非常明快，而且统一的黄色背景，这样更容易让用户记住。

■ nice-90后生活方式报告

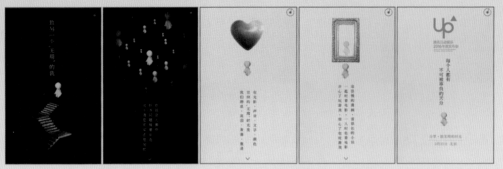

H5案例 —— 至另一无用的我部分分屏截图

H5案例 —— 各个分屏元素

■ "致另一个无用的我" H5 项目截图 + 画面元素汇总

### （二）成套的色彩和元素

　　除非特殊需求，色彩的沿用不建议过多，并应该遵守成套的原则。H5 的画面内经常会涉及到图标、文字和各种元素，它们之间的特征也应被统一。通常我们会提前设计好所有的静帧画面，并统一色调、元素和文字，即使页面数量并不多，但它仍然是一个小的视觉系统。区别一个 H5 设计水准的高低，往往就体现在这些细节上，方法是非常简单的，但只有通过长久的练习才能让你获得更好的能力。

　　就像是"致另一个无用的我"这个作品，通过上图你会发现，它的画面和所有元素甚至是 Logo 都被统一成了一致的调性风格，自然作品在体验时有着更为强烈的代入感。

## 形式感（打动用户的重要方法）

　　好的形式是 H5 页面受不受欢迎的重要参考标准，这已经经历了用户的多次考验。而优秀的作品却时常关注情感，洞察人们的内心世界。如果表述得当，我们甚至会为形式牺牲掉部分功能，H5 页面是快传播的移动网页，只要形式上的创意能够打动用户，即使细节不够出彩，它也可以说是成功的。毕竟，有趣的东西是能够很快打动用户的，下面咱们就来通过具体案例来讲解形式感对作品的重要性。

　　NO.10: 比如，为表现个人传记，我们会想到书本，通过书本我们会联想到纸张和书写，书写的方式又有笔墨、打字机、电脑键盘等形式，而选用一台打字机作为视觉气氛的表现来设计整个 H5，也是对体验和表现形式的综合考量。因此，我们会看到这样一个推理形式的过程：

**代言人 — 人物传记 — 书本 — 书写 — 文字 — 打字机 — H5 页面**

　　因为有着这样一连串的推理，最后反应在 H5 内的画面就会显得意料之外，同时又情理之中，不失新鲜感，又容易理解。而在画面背后，实际上有着一层一层反复思考的洞察。

扫描二维码，观看案例

NO.11: 这是一支有关母亲节的 H5，开发者另辟蹊径，没有直白地描述亲情，而是选择去设计一个很小的点，通过母亲节联想到了回忆，通过回忆又找到了记录，而通过记录的方式追寻又想到录音、笔记、影像等很多种方法，而最后通过录音机来表现个人对母亲的情感，可以说，这是一个比较特别的形式。该案例 2015 年年初上线，之后引来了大量的形式借鉴，而本书收录的这支 H5，却是这个形式案例的第一支。形式推理过程如下：

**母亲节 — 回忆 — 记录 — 录音 — 录音机 — H5 页面**

扫描二维码，观看案例

NO.12：这同样是一个看上去非常简单，但十分有新鲜感的表现形式，项目最后选择利用笔记本来作为主视觉，也是通过从活动、产品、品牌店铺特征，这样一个思考过程，虽然笔记本似乎已是被用烂的形式了，但当笔记本这样的元素出现在 H5 当中时，人们还是会对形式产生意外的新鲜感，而且就该案例而言，形式与产品有着非常好的呼应效果。形式推理过程如下：

**促销活动 — 咖啡厅店铺 — 促销产品 — 笔记本 — 画画与笔记**

---⌄---

随着行业的发展，H5 可以实现的形式种类越来越多，上面的 3 个案例只是 H5 众多形式的冰山一角，讲解的目的是为了激发设计师的创作灵感，让你习惯用推理的方式来获得有效的形式，我们可以将生活中任何一件具体事情抽象为创作对象：一个动作、一类事情、一种游戏、一个杯子、一个小的道具都可以被挖掘和延展。有一些行业前辈是这样解释有趣而且受欢迎的形式的："**好的形式，实际上就是旧元素的新组合。**"而你现在重新去看看上面的这 3 个案例，无疑也都是旧元素的新组合。

在具体执行时，这些定制项目的案例效果对于工具类 H5 平台和开发来说都是可以实现的了，而模板类 H5 工具在形式的突破上还会有一定难度，不过即使是简单的翻页，同样可以去创造形式感，一点点小的洞察和改变就能改善整个 H5 的气质。所以说，设计师在设计 H5 时，要注意形式感的打破与创新。

## 参与感（H5设计的爆点）

　　参与感不同于"形式感"，它指用户可以通过 H5 定制带有自身特征的内容并能够参与到内容的创作与传播，往往这类 H5 内容比较容易受到欢迎，并且极为容易创造出非常夸张的刷屏级效果，但创作难度又往往较大，它需要人们对 H5 有着深入的理解和研究，而未来移动端优秀的 H5 案例会越来越多地牵扯到用户的真实参与，这一部分本书还是会通过几个曾经在移动端刷屏的案例来详细讲解：

　　NO.13：这个裸眼二维码的案例是在 2015 年上线的，玩法实际是微博时代的老套路，但是因为二维码是可以定制的，这就让它变成了一个非常有趣的文字解密游戏。

　　案例生成的二维码没有实际功能，它是将两行文字进行拼接（一组是用户输入的信息，一组则是商家的促销信息）而获得的类二维码的配图。通过不同角度观看手机，就能得到不同的效果，而这也恰恰是 H5 有趣的地方。用户可以自行制作有不同信息的二维码并在移动端传播，每个分享出去的 H5 都会不一样，自然也就能够获得比较夸张的刷屏级效果来了，该案例上线后造成了一段时间的大量跟风。在 2015 年年初，我们看到了大量裸眼二维码的案例。

NO.14：这个 H5 本身并没有多少炫酷的画面，执行也算不上精致，但是由于它可以让用户参与创作，而且每个用户创作出的作品还都不一样，所以就创造了非常有趣的参与感。

创造属于你的热情 -H5 项目内页截图

虽然这个作品的原型早在 2011 年就在 PC 端出现了（原作名为"互动游戏：请画一个小人"），但直到 2016 年的 7 月，我们才看到它在移动端被商家借鉴使用，而在随后的几个月里，画小人的 H5 类小游戏也风靡一时，受到了很多商家的追捧，也造成了大量的刷屏现象。

NO.6
生成结婚证
WWW.KU-H5.COM ▶

扫描二维码，观看案例

NO.6: 这个 H5 的视觉设计实际非常薄弱，体验也算不上优质，但因为它带有过于强烈的用户参与感特征，又恰好扣住了情人节这个档期，在 2016 年 2 月份一经上线就获得了刷屏级的夸张传播效果，总生成量超过 1000 万份，它也是第一支在朋友圈风靡的伪造类 H5，该案例最大的贡献就在于打破了以往 H5 的分享机制，常规情况是，我们会在尾页提示用户分享案例，而这个作品却在当时另辟蹊径。

体验过 H5 的用户会把逼真的伪造截图分享到朋友圈，当朋友看到后会信以为真地留言或者点赞，而既然是造谣，就势必有辟谣的过程，当用户在朋友圈告诉大家这是一个玩笑，是通过某网站生成时，借助微信的留言机制，所有之前点赞和留言的人都会看到这条信息，而借此达到了二次传播的效果，真的是创造了非常不同的参与感。

> **小提示：**
>
> 在 2016 年的 3~5 月份，移动互联网一时风靡起了"神器"系列的 H5 作品。一时间，假护照、结婚证、工作证、房本、账单红极一时，它们都是由这个"生成结婚证"起源的，盲目的跟风虽然创造了巨大的流量，但是也毁掉了一种本来有更大挖掘价值的创作形式。

但是，可惜大多数人只知道跟风，而忽略了作品最有价值的创作思路，最终将一个很有意义的创作形式透支到让人厌烦，以至于过早的被消亡掉。而透过形式本身，我们真正要学习的是作品对于"参与感"的深度理解，它从微信的生态层面重新设计了作品的传播方式，这才是作品的精髓所在，而不是说，你做个结婚证，我做个豪车账单。

参与感的形成往往需要借助前端开发和高级 H5 制作工具才能够顺利完成，你会发现，更好的参与感，实际上是让用户来参与创作，让用户分享出去的每个 H5 都不相同，虽然这类作品有一定的制作门槛，但这类形式必然是未来营销类 H5 设计的方向。就目前很多 H5 来说，很难见到形式感与参与感并存的优秀作品。所以在这个领域，仍然有非常大的发挥空间。

H5 设计的表现力从易到难的金字塔演示图

我们从 3 个维度对 H5 的画面表现做了一个比较宏观的分析和探讨，从单纯的视觉气氛到形式感的追求，再到参与感的创新。你会逐渐发现，传统以一套精美画面辐射所有受众的套路在被带有个人定制化的表现形式慢慢替代，H5 网站的视觉更倾向于对用户的思考和与用户互动方式的突破。一成不变的设计方式不再适合这个领域，设计师在设计 H5 时，再也不能认为自己是画图的美工了，他需要我们更加关注用户，更多地去理解用户行为。

# 3.3\H5 页面的版式设计要领

本书所讲的 H5 页面版式设计不仅会涉及到页面的具体布局，还会牵连到动效和时间的表现，咱们就先从 H5 与平面设计的区别开始聊起吧。

## H5与平面设计的版式到底哪里不同？

虽然二者都是建立在视觉上的媒介系统，但对于画面的要求和规律却截然不同，具体的差异有以下 3 个点：

### （一）画幅尺寸差异

我们使用的智能手机屏幕目前主流的尺寸是 5.5 英寸（物理像素就是 1920×1080），而从考量便携性的方向来说，手机屏幕也不便更大。对比平面设计常规的单页 A4 纸（接近 12 寸）来说，还不及 A4 纸的一半，更别说大喷绘和海报了，这会直接影响 H5 单屏画面的呈现方式，排版不能过于复杂，元素相对平面设计要精简，电子屏显示字体需要更大，采用的字体标号系统也完全不同等。

往往从平面到 H5 内页的改版，你会发现侧重点的偏移，手机媒介会因为内容信息的拥挤给人疲劳感，从而影响信息传达，画面尺度和媒介特征的不同是二者第一个区别。

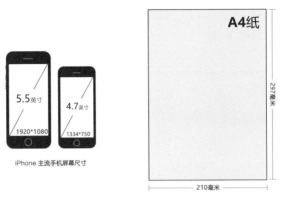

手机主流屏幕尺寸与纸张主流尺寸对比图（A4纸的面积远远大于手机主流屏幕尺寸）

## （二）阅读方式

不管是网页还是常规纸质媒介的设计实物，我们的阅读习惯基本上都会遵循从左及右的方式。因为手机屏幕尺寸的特性，H5的画面常规阅读习惯却是从上及下的，并且内容带有动态性，会对视觉的牵引产生作用，这直接影响到了常规排版思路。所以，阅读方式的改变和动态元素的加入是它与平面设计的第二个不同点。

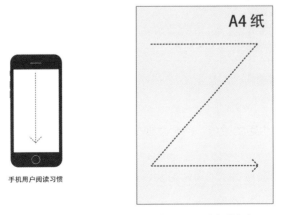

手机阅读和纸张阅读阅读习惯视线图（见图中红线次序）

### （三）内容接收习惯不同

移动端的用户习惯和传统平面包括 Web 桌面端的用户习惯也不一样，我们看书，阅读纸张上的信息或者浏览电脑上的网页，是在相对固定的时间、空间进行的，这适合你去深度阅读，注意力与情绪点也都会比较容易集中，出现大量文字和长篇的内容时不会让你感觉到不适应。

而多数打开 H5 网页的用户，要么是在无目标地翻看手机页面，要么是在外赶路，要么是在嘈杂的户外做其他事情等，他们是被 H5 的标题吸引或者朋友的推荐偶然间打开的页面。多数人观看时处于三心二意的状态，精力分散并且没有明确的目的性，这样会导致复杂的信息难以被接收，非常不适于带有深度性的阅读。

手机媒介特性与 Web 桌面端与纸张媒介特征对比

所以，**尺寸差异、阅读方式、接受内容习惯特征**这 3 个因素，一同导致了平面设计的大量版式方法在 H5 移动端设计上失效，那么作为设计师的我们应如何应对？

## 要如何应对H5版面设计？

从本质上讲，不管是平面还是 H5 页面，它们都是文字、图形、色彩的复合内容，都是通过点、线、面的组合排列获得的全新秩序，但具体实现的方法就有所不同了。而所有的版式都在努力解决一个问题，那就是创造秩序感和层级关系。而针对 H5 的版式设计，在本书，我们总结了 5 个关键点，它们需要设计师去反复推敲和思考：

### （一）分清"PPT"页面与 H5 页面的差异

直到今天，还有不少人认为 H5 是移动超级"PPT"，直接用"PPT"的设计方法来设计 H5，这看似易学易用，但却是思维的重大错误。

"PPT"的应用场景多为讲演现场或桌面端的浏览端口，受众在固定时间、固定场景接受信息，而且方式也多为被动，用户和页面是没有互动的。再加上演示 PPT 的屏幕大、文字多、页面多的特点适合演示场景，观者在体验时并不会立刻产生疲惫感。但 H5 是基于移动互联网的页面，用户通过手机接受信息，屏幕小、时间碎片化，接受方式也从被动转为主动。对于没有互动体验而内容拥挤的"PPT"类页面来说，通常会让人阅读疲惫，甚至导致页面直接被关掉。

所以说，H5 相比"PPT"，页面信息量不能过大，不应占用户过多的阅读时间，形式感需要非常抢眼，内容需要十分清晰，让观者能不费精力地辨别出页面要传达的信息。

这里面有以下 3 个比较明显的差异：

1. H5 不适合像"PPT"那样出现大量页面，超过 10 页时，多数用户会开始感到内容过载，比较常规的页面数量在 5~8 页，要尽量用越少的页面表现更多的内容；

2. H5 页面也不能像"PPT"那样堆积大量文字和引用复杂图形，字号需要放大到较容易识别的程度，图形元素要适当简化；

3. H5 页面形式需要单纯直接，不应该出现"PPT"那样的复杂层级。

这里主要是针对"PPT"本身提出的 3 点注意事项，而具体的方法本书会在随后的章节具体地一点点来讲解。

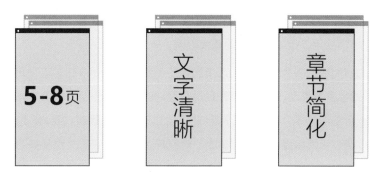

H5 与"PPT"设计时，特别要注意的 3 个点

## （二）具备画面焦点意识

静止的画面，尺度较大，可以设计得较为复杂。而 H5 的页面因为屏幕过小，用户停留时间短，时常又带有运动性，这就造成了它在视觉凸显上的焦点不能过多，我们需要让受众

更简单清晰地识别内容，不能给用户带来太多疑惑。所以，在多数情况下，我们需要在画面内设计视觉焦点。

**强焦点版式**

画面的焦点数量，通常会设计为一个而不是多个。为了弥补画面的丰富性，也会采用一个焦点带多个分焦点的形式来充实页面，这种方法是最为常见的排版方法。在精选的行业案例截图中，你会看到强焦点的作用，它能够让整个页面的内容清晰可见。

H5页面都会设置一个画面焦点

腾讯游戏：一张桌子

腾讯新闻：马航失踪365天

腾讯阅读：现在读一本太难

腾讯游戏：致另一个无用的我

豆瓣：我的精神角落

大众点评：我们之间就一个字

**散焦点版式**

在画面内会设置非常多的内容，它们互相之间力量比较均衡，但通常我们会通过色彩、过渡、动效等方式来让主图内容突出，从而营造秩序感和画面重点，而与交互一起连续使用的情况也比较多。因为这样，你能在画面中看到视觉焦点会有一个比较明显的变化，这类构图多会运营在大型的推广活动和总结类的案例上。

《宇宙奇妙市集》的主界面是不同的星球，每个星球都是 618 活动的分会场，而体现在版式上，就是利用星球来创造焦点。

《淘宝造物节》同样是大型活动的推广 H5，它也采用了散点构图，画面内的元素都分布得非常均衡，用户通过挪动场景，可以点击进入不同的会场。

《排行榜前十的 APP》则为数据展示类 H5，通常这类 H5 常用散焦点构图。而《给回家的路加点甜》是常规描述页面，同样可以用散点沟通的方式来表现画面。

H5页面可以设计多个画面焦点

NO.15
淘宝造物节邀请函
WWW.KU-H5.COM ▶

扫描二维码，观看案例

京东 618：宇宙奇妙市集

淘宝造物节邀请函

读读日报：排行榜前十的 APP

麦当劳：给回家的路加点甜

### （三）页面视觉的平衡

对于所有页面来说，我们需要让它有更好的视觉体验，在画面布局上就要做出很多设计。画面需要填满，整个页面的空间需要合理分配，但是在分配时也要注意每个页面的主次关系，切莫喧宾夺主。在分配空间时，我们有两个参考系，一是要按照重要信息分类，二是要按照页面题材特征分类。

不管页面是否带有运动或者特效，所有和视觉相关的内容都要遵循这个 3 次层级：

主要信息、次要信息、辅助信息

**页面的视觉平衡需要画面的"空间"感**

这里所说的空间感并不是真的要做成 3D 空间图，而是要借用传统的点、线、面构成原理来打破画面的单调，营造更好的视觉氛围，达到视觉上的平衡，这部分本书找到了 3 支风格不同的 H5 内页，我们来看看它们是怎么达到视觉平衡的。

案例截图：一桩大买卖

从案例截图你会发现，只要你达成了3级内容的清晰，整个页面就会构成一种平衡的视觉关系，并且主次分明，条理清晰，大多数H5页面都是这么来排版的。

百度钱包：一桩大买卖案例截图

大众点评：评什么爱姜文案例截图

案例截图：评什么爱姜文

这是一个稍显复杂的页面排版，但是所有的内容元素依然是统一在这3个关系内的，即使在画面内元素很多，但依然没有跳出视觉内容的层级关系，它让整个画面显得平衡。

拉钩：在北上广深打拼的你案例截图

案例截图：在北上广深打拼的你

虽然是另外一种风格，但画面元素还是遵循了最基本的视觉原理，而页面中用来丰富画面的手、画框、架子等元素即使去掉或者被弱化，也依然不会对画面的平衡造成影响。

■ 移动页面用户报告版式设计细节分析图

### （四）创造清晰明确的层级

我们在处理内容时，通常会采用层级划分的方法，去尝试创造秩序感，也只有清晰的层级才更容易被快速读懂，相对于平面设计，H5 页面需要更为清晰的层级观念。

人的感官需要一种秩序，而在页面的版式上我们则需要设计出明确的主线，用条理感和明确的主次来引导用户的阅读次序。对于凌乱的内容，我们通常可以采用 **数字、编号、图形、时间轴、相近元素或者色彩**等方法来辅助完成内容的划分，把内容安排在多个分屏，利用一种层级关系来穿插统一，而不是积压在一个屏幕，尽量精简内容并将文字转化为图形，来帮助你划分层级，尽力降低受众的阅读难度。"移动页面用户报告"是一个非常典型的优秀案例，作品的设计就非常好地体现了明确层级的特点。（见上图）

当面对一大堆无序的信息堆积在屏幕内时，我们会显得手忙脚乱，不知从何下手。在这时，就需要对内容进行取舍，没用的信息尽量删掉，尽力去寻找内容存在的秩序，下面我们会介绍 3 种划分层级的方法，希望能为你的设计带来些启发。

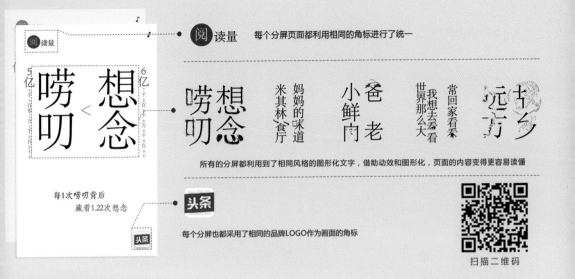

每个分屏页面都利用相同的角标进行了统一

所有的分屏都利用到了相同风格的图形化文字，借助动效和图形化，页面的内容变得更容易读懂

每个分屏也都采用了相同的品牌LOGO作为画面的角标

扫描二维码

■ 今日头条 H5 版式设计细节分析图

内容拥挤的页面

① 把拥挤的内容分成多屏，并且用数字、元素、角标或者画面风格来进行梳理和统一，下面我们再举一个 H5 实例，它的处理方法和"移动页面用户报告"很类似，但是风格就截然不同了。（见上图）

② 你还可以选择把拥挤的页面内容设计成长图文，让整个体验过程更加轻松、清晰，设计师可千万别忘记了，H5 网站是可以实现各

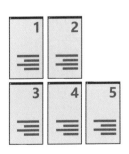

（一）内容分散为多屏

（二）内容设计为长图文

（三）利用动效，让内容逐渐显现

种形式的，除了翻页以外，还有太多的形式可以去尝试和打破，我们继续"读读日报：排行榜前十的 APP"来举例，见下图链接。

扫描二维码，观看案例

③ 当页面内容过多时，我们还可以通过动作让内容逐个呈现，利用时间的渐变效果来展现运动性的层级，而不是整整齐齐地把所有内容都排列在页面内。为了增加趣味和联系，我们可以让多个有关联的元素在页面内逐个显现或者消失，用交互的方式来简化画面的复杂程度，同时增加用户的注意力，这同样是版式设计，只不过带有了运动性的新特征。

利用动效来增强条理性的演示

扫描二维码，观看案例

## （五）页面配图小技巧

因为很多 H5 网页是图片形式，所以最后再补充一些关于 H5 配图的小技巧，希望在日常设计中能够帮助你理解版式与配图的关系。

### 1. 什么样的图片适合移动网页

不管是手机，还是其他电子设备，我们选择配图的原则主要有两个：

（1）图片的呈现尺寸要与真实世界的物体大小相类似，人们的眼睛会习惯那些容易识别的东西、不会违背常规物理原则的东西，我们来通过实例讲解。

为了凸显战争气氛，这个 H5 在最后的落地页放置了一张海滩士兵头盔的二战老照片。

实际左边的页面我们不会觉得难看，整体设计有层次，而且 3 级的视觉平衡关系也有。

但是，在现实世界中，头盔相对手机屏幕来说是非常大的东西，而且场景是海滩，非常开阔。当你把图片放大到满屏时，你会突然发现，整个页面更吸引人，更具备了主题气氛。

而这就是带入了对真实世界思考的结果，我们在处理照片类页面时，需要这种思考。

百度新闻：诺曼底词典 落地页演示图

（2）图片要尽可能多地显现出肉眼能够捕捉到的细节。人的眼睛更愿意看到精细的东西，我们看电影永远喜欢看到更高清的画面，手机你会永远更喜欢高分辨率的屏幕。所以，在用图片表现小物件时，要尽量用特写来凸显道具细节。

扫描二维码，观看案例

关于细节的页面对比图

### 2. 更好地理解图片与版式的关系

实际图片摆放的方式和位置也需要参照物理空间的特征，如果结合得恰当，你会获得非常好的效果，这是传统平面设计领域的经典理论，当然在移动端一样受用，我们不深入讲解，主要看几个图例：

同样一张图片，不同的摆放方式就会营造出不同的空间感受，左①图－**仰望的猫**和文案构成了对应关系，使得图片中的动物和文字发生了联动，增强了趣味性，由于猫咪构图靠下，整个画面给人开朗、空旷的感受。

而左②图－**仰望的猫**因为构图太过于靠上，猫咪的视线被阻碍，没有内容同视线呼应，整个画面给人一种压迫和紧张的感觉。

仰望的猫构图案例

这是另一组场景图片案例，道理与**仰望的猫**类似，左①图－**魅力海岛**因为构图靠下，给人一种辽阔的空间感。而左②图－**魅力海岛**主画面元素则构图靠上，凸显了木桥，给人营造的则是一种长远的距离感。

魅力海岛构图案例

当你了解了这些版式方法之后，你会发现它们相互之间实际是孤立的，最终我们需要根据设计需求，也就是主题方向，去选择相应的版式方法，并把版式和内容统一起来。

而 H5 的版式还在随着技术和方法的更新不断地改变着。在本书，我们列举出的这些方法都是已经经历过普遍检验的常规方法，希望能为你的设计带来帮助，你会发现这 5 个特征都是基于真实的用户场景思考而得来的设计方法。 所以，学习 H5 版式最大的意义不是说，我告诉你怎么去执行，怎么去套用现场的案例，而是说引导设计师多去思考用户的使用环境和受众的体验习惯，这才是 H5 版式设计最重要的参考系，任何设计方法都会随着时间的推移而过时，但思考用户习惯并做出分析的意识却永远不会过时。

# 3.4 \ H5 的文字设计

文字设计是 H5 设计必不可少的一个环节，而文字设计又不仅仅是字体字形的设计，它还包括文字排版、文案设计、具体描述等多方因素。所以，在本节你将会学习到截然不同的文字设计方法，它将会涵盖文案创作、文字排版和字体设计。

**常用字体设计软件：**

Adobe PhotoShop

优点：页面、字体设计一气呵成，修改方便。
缺点：字体编辑功能没有 AI 强大，较 AI 缺乏灵活性。

Adobe ILLUSTRATOR

优点：设计标题字体较为方便快捷。
缺点：需要最后导入 PS 来合成页面，并且追加效果。

## 设计师！你需要重新认识文字

文字是每个画面不可回避的内容，互联网企业作为 H5 网站产出的主力军，它们先天缺乏对于文案的重视。相比较有专业文案人员的广告公司，互联网企业的众多日常 H5 的相关文字编辑是由运营、产品经理和设计师讨论而来的，专业性和可用度往往相对较差，在无形中影响着作品的质量。那么，我们要如何应对这个现状？

作为设计师，你应该具备一定的文案判断能力，改变自己的固有观念。传统教育固化了设计人应有的全局能力，用一些陈旧的经典理论把设计师变成了单反射的视觉动物，在未来数码浪潮的洪流中，我们要先做出改变！

## （一）改变堆积文字的思路

H5 的应用场景极为碎片化，用户可能在任何一个角落或者地点接受到信息。因此，决定了 H5 不适合携带大量内容，人们往往在移动端厌烦看到大段文字，讨厌看到晦涩难懂的标题。其次，和传统广告相近，营销类 H5 仅仅起引导、提醒作用，企业具体的优惠项目、具体的方案、长长的文字解释通通都很难引起受众注意，在你还不确定用户是否真正对你的内容感兴趣时，请不要对用户释放大量信息，这样会导致极高的跳出率。

所以说，在 H5 的原型设计阶段，我们就要不遗余力地压缩文字内容，大量的实战经验告诉我们，过多的文字描述只会影响 H5 的质量，尤其是产品类推广，切莫堆积文字。

NO.17: 这是我们在讲版式设计时就提到的 H5 案例，该生活报告出品于 2015 年第 4 季度，而 H5 因为考虑到了易传播性，所以只是选取了报告中的部分内容，而这样的文案处理思路，就是建立在用户体验之上的。

## （二）改变文案的视角

由于受众场景的改变，那些曾经靠打高端牌、靠营造品质感的内容遇到了现实的创作困境。受众因为看到了太多千篇一律的关于"高大上"的文字，有了一定的抗药性。同时，在倡导体验和参与感的当下，喜欢教育大众的那套口气也已经不好使了。

反而，那些唠家常的段子、带有亲和力的语言、带有错字的口号却成为了屡试不爽的杀手锏！ 当然，这并不是一个值得推崇的创作方向。而这种反权威、反精英的价值观确实是目前互联网领域的现象级境况，我们要很好地去理解和运用这种现象来辅助设计，所以我们需要改变视角。

人都会惯性地对文字本身发挥想象力，用华丽的修饰和精妙的语言来写文案，像是这样的修辞：

**XX 饮料，享受生活，期待精彩，开创饮料新时代！**

这是我们经常会看到的广告标题，然而，你真的想去喝这样的饮料么？这种看似高大上的形容，好像并不能激起人们的兴趣，甚至会让你觉得是废话。

人们也会因为缺乏想象力，而在内容描述上显得极为苍白，只知道死搬硬套，这种情况在电子产品领域尤为普遍，像是这样的修辞：

**我们的新 MP3 是跨时代的，它有一个 5G 超大硬盘，超强续航和超小机身！**

即使是尖端的技术，但是在直白的描述中也让人毫无兴趣，甚至有不少消费者都不知道 5G 究竟意味着什么，超小机身究竟有多小？

文字需要清晰易懂，需要具备人性的洞察，它应该介于华丽的修饰和朴实的叙述之间，我们做的不是文字描述上的设计，而是用户体验的设计，让文案更容易被用户感受到，而不是更加费解。带着这样的方向，我们重新修改这两句文案：

看似简单，实则复杂。在该饮品上市时，大量饮品广告都在主打好喝和有营养，而另辟蹊径地去主打"助消化"，这在当时给人带来了不少新体验，而文案以第一人称为出发点，朴实易懂、简单干练，没有空洞的形容词，让你能够非常形象地记住产品特征，单从文案这个点来说，它更适合用户体验。

虽然 iPod 问世已超过 15 个年头，但是我们今天依然对当初的那句广告语记忆犹新，它非常讨巧地避开了那些让人晦涩难懂的技术性描述，讲的是人人都能听懂的大白话，并且很好地概括了产品的优势和卖点（大容量、便携式、小巧等），而这句广告语也成为了行业的经典。

通常来说，我们可以从两个途径构思文案：

**正向：**比如有一个产品需要推广，那么它的优势都是我们可以去挖掘的描述点。当然，这些都必须是真实的优势，我们要从用户体验的视角来把这些优势讲出来，讲得通俗易懂，容易记忆。

小米体重秤平面广告

例如案例中"一杯水可感知的重量"，就非常形象地把产品精准度的优势给概括出来了，会让你觉得这个体重秤和一般的产品不同，有特别的优势。

**反向：**作为我们要面对的受众，我们要去思考他们究竟需要什么样的内容，什么样的内容是受众会感兴趣，并且愿意关注的？这里一定程度上需要数据和材料的支持。如果没有，也可以凭借经验和第三方的数据调查工具来作为辅助，找到产品或事件和受众痛点相通之处，来确定内容方向。

搜狐新闻：一秒钟到底有多长？

这是一个关于 H5 的文案实例，2015 年 7 月 1 日，在新闻报道中我们得知地球竟然多出了一秒钟，而对于大多数人来说，他们并不能理解这 1 秒钟意味着什么，也很好奇这样无聊的新闻究竟有什么报道的意义？

而"一秒钟到底有多长？"的文案也正是建立在这些条件之上，你会发现，对于地球而言，一秒钟会发生很多难以置信的事情，也正是借助了新闻事件和公众认知盲区这两个点，这个新闻类 H5 在当时刷爆了移动互联网，而简洁明了、能洞察到公众认知盲区的文案，在其中起到了至关重要的作用！

所以说，很多情况下要文案先行，把洞察和思考放在前面。我们所有文字工作是让信息传得更为清晰，让内容更容易阅读，让用户更愿意停留。文案的内容在本书只能点到为止，写这些内容是为了提醒诸位设计师们，需求给你的文案很多情况下是非专业出炉的，在互联网行业依然缺乏专业文案的现状下，设计师就是确保文案质量的最后一道防线，我们的目的是做出更好的作品和提高自身能力。所以，加强你的文案能力，对于这个领域的设计师来说尤为重要，这也将会成为你的过人之处。而只懂得视觉的设计动物，在未来将会更难觅食。

## （三）学习写文案的基础技巧

设计师平时需要做一定的文案训练，一方面有助于在设计过程中更好地把控情景感受，一方面有利于提高作品的整体质量。笔者有一些创作标题的技巧，希望能够带诸位入个门，而真正优秀的洞察需要长久的积累和体会。

### 1. 正确看待数字在文字内的运用

像是一百块和 100 块，后者会更加有画面感，因为它与真实生活中你常见的 100 块类似也更容易识别，很容易激发你的联想。

### 例如：

这里有一万红包等你拿！ —— 这里有 10000 红包等你拿！

这样能够增强内容的识别度，使得信息更容易读懂！

成功的 3000 个秘诀！ —— 成功的 3 个秘诀！

这是一个反例，因为人们会认为 3 个更为简单、易识别。

### 2. 创造文字上的感官矛盾

好看的电影都充满矛盾冲突，它是构成情节的基础，是小说、故事、电影好看的主要原因，而我们在文字描述上可以在合适的情况下运用这种方法，在文字中来表现情绪的反差。

**例如：**

XX 是一家非常优秀的创意团队 —— 本以为创意死了，但直到我看到了 XX

这就是一种创造矛盾的方法，在短短的文字中来形成反差。

提升文案写作能力的 10 个方法 —— 3000 块的文案和 30000 块的文案差别在哪里？

这是一个非常经典的标题案例，它营造了一种大与小的矛盾，而用收入来形容方法的重要会更能夺得受众的关注，同样的，只要是能形成反差的内容就都能创造矛盾，越深入生活就越能激起共鸣。

### 3. 夸张修辞法

有时，为了增强感染力，我们可以使用一些夸张的词汇，当然修辞再夸张也要和语境、内容有必然的联系，否则就是为夸张而夸张，带不出共鸣。

**例如：**

11 年来，豆瓣终于开始做宣传了—— 闷了 11 年的豆瓣终于炸锅了！

这个夸张的修辞就很适合用在豆瓣身上，从物理属性来说，豆子炸锅能在生活中给人一种代入感，而用炸锅来表示豆瓣新宣传方式的火爆，也可以说是一语双关。

### 4. 标题长度对阅读流失的影响

我们的标题一定不可以太长，这样会耗费时间、精力和用户的注意力，尽量地去用简单的语言来表述你要表达的内容。

**例如：**

据说 H5 面临"生死存亡"的困境？这里有真实的内容分析 ｜ 独家专访

—— 新规出台，H5 行业真的够呛了？

实际文案想表达的意思用一句话就可以概括，没必要写那么多，抓住关键点就可以了。

### 5. 引起读者的好奇感

人都有好奇的天性，而往往把这一点运用在标题中，会引起用户的参与兴趣。

**例如：**

滴滴、知乎、大众点评的年终图表帅爆了！ ——

你一定不知道，滴滴、知乎、大众点评年终是这么做图表的！

同样的内容当利用到反问的语气时就会增强内容的吸引力，试着把你们的 H5 标题改成反问句，也许你会收到更好的反馈。

---

这些案例都比较有针对性，在实际运用时还要综合去考虑与判断，这里也仅仅是抛砖引玉。为了让设计师更好地学习到一些文案的基本方法，你可以扫描下方二维码，本书为你准备了关于文案的延伸阅读，帮助你了解文案的世界。

阅读延伸：
**X 型文案 VS Y 型文案：**
**为什么你会写自嗨型文案？**
扫描右侧二维码 – 观看行业分析文章

# 改变你的排版习惯

## （一）简化积压的文字

虽然我们很清楚页面不应出现大量文字积压，但还是会出现类似的需求是我们无法更改的，那么设计师要怎么补救呢？这里，有 3 个比较基本的方法：

### 1. 集中管制

我们可以把大量说明性文字适当都集中在一个页面，不要让它们分散到整个 H5 页面当中，还要对受众进行引导，告诉他们，具体的说明文字在最后的页面，提示那些有兴趣进一步了解内容的用户去了解详情，不要无差别地将一大堆内容展现在所有用户面前。而在具体的说明页的设计上，相应的动效和音效也都要弱化，因为在阅读时，影音的刺激会对阅读造成干扰。用户在这样的语境下无法阅读大篇幅的文字。

### 2. 借助动效

我们还可以让过多的文字内容按照版式设计章节中提到的，按照节奏逐渐显现的方法来缓解过多文字内容造成的阅读压力。让用户一点点地看文字，而不是一下子看到全部，这也是一种创造留白的方法，就像是下面的 H5 案例所用到的处理手法。

### 3．控制字号

即使文字多，但字号在移动端千万不能太小，小屏幕配小字视觉上会特别累，很多参考材料会讲到在移动端的字号要控制在 18 ( px) 号字左右，例如微信，它的正文字体是 15 ( px) 号，而标题字号是 16 ( px) 号，都在 18 ( px) 号内。

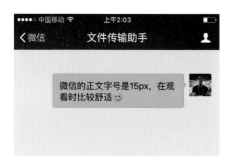

微信聊天界面字号大小　　　　　　　　微信界面标题大小

但在这里有一个常识性的问题容易被忽略，以印刷为主要输出的平面设计和以电子设备显示为主要输出的界面设计所采用的字号系统是不同的，平面采用 pt 为单位，而界面采用 px 为单位，二者的大小也是不一样的，同等数值的 px 要比 pt 小一些，而 96px 正好和 72pt 一样大小，你会得到 1px = 0.75pt 这个参考公式，所以我们的字号指代的是单位 px。

> **小提示：**
>
> px: 是 pixel 的缩写，表示像素，是屏幕上显示数据最基本的点。
>
> pt: 是 point 的缩写，是印刷行业常用单位，等于 1/72 英寸。

又由于 H5 在设计时会用到大量特殊字体，我们通常是需要把大段文字转成图片的，而在这个过程中单单注意几号字是不够的，一方面你需要通过 Ps Play 来用手机同步检查页面文字的大小情况，一方面你要有一些字体排布的经验，以 iPhone 6/7 为例，通常页面正文每行控制在 20~26 个字符，阅读起来会比较舒适，这就是经验之谈了。

### 4．图形转化

　　将部分文字内容进行图形转化，如果可以，我们还能够借助语音来描述文字，减轻阅读压力。用图形来代替文字，这样在页面的视觉上就会显得放松，能够起到很好的缓冲作用，阅读内容也会更为简单、直观。

朋友圈　　　　正确　　　　空间　　　　HTML5

聊天　　　　邮件　　　　语音　　　　电话

　　还有些比较夸张的文字转化为图形的方式，它们都可以增加阅读内容的新鲜感，而且要比一般的画面更吸引眼球，见下方图例：

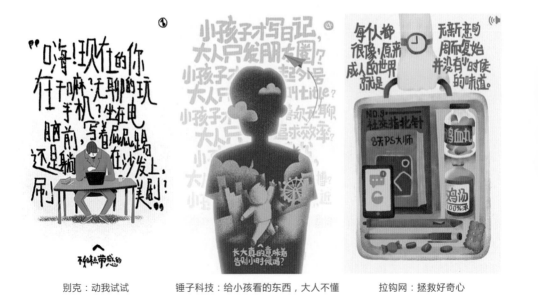

别克：动我试试　　　锤子科技：给小孩看的东西，大人不懂　　　拉钩网：拯救好奇心

## H5的标题设计

　　很多H5内页都会有主视觉，其中经常会遇到标题设计。标题设计要和整个画面的调性和主题达成统一，在风格和表现形式上也要和其他分屏页面有关联。标题设计要注意到手机的尺寸特征，我们通常会尽量设计得方一些。字形设计上也会尽量避免太过于花俏，需要有较高的识别性，也要能够很好地把用户带入到视觉氛围当中。

常规平面视觉的标题区域

常规移动端手机视觉的标题区域

　　下面本书会具体地来讲解2个H5标题设计案例，通过字体设计教程，希望能够让大家学习到标题设计的方法。

### （一）大越野标题设计

　　这是一支越野拉力赛的推广H5，整个作品的目的是宣传越野拉力赛，吸引车友报名参加。所以在最初设计时，整个H5就需要能够凸显出越野的特征，整个画面要够酷，要够狂野！而落实到第一页的标题设计，字体设计方向就被选为了利用更有表现力的书法字来实现。

大越野第 1 屏 - 原型图

大越野初期标题设计

最初标题选择了以**李旭科书法体**作为大标题字体，而小标题则采用黑体，来做出粗细字体的差别，但是当字体调整完后，我们发现整个标题太长，在画面上会显得空旷，所以在这个情况下，我们调整了标题，把**"大越野"**改为**"加入大越野"**，这样一来，整个标题在画面内就会比较饱满了。

"加入大越野"字体调整对比图

加入大越野整体效果　　　　　　　　　　矢量格式的毛笔笔画

　　虽然字体已经调整得比较饱满了，但是仍然缺乏细节，对于毛笔字来说，边缘还是太过于整齐，没有粗糙的狂野感。因此，为了进一步丰富标题，我们加入了笔划来优化字体的边缘。

加入大越野 - "大"字的调整效果

　　上图是"大"字的调整方法，整个标题文字在经过边缘处理之后，得到了更为强烈的字体效果，增加了字体的表现力，而其他字体的调整方法类似。最后我们得到了下面的字体效果，相比之前的字体，整体感更加狂野奔放。

加入大越野 - 字体整体效果

但是为了让整个标题显得更加有越野的感觉，还需要增加一些特殊效果，将 AI 格式的字体导入到 PS，然后为字体增加一层斑驳纹路，如下图：

AI 导出的矢量字体　　　　斑驳感的透明图层　　　　字体合成效果

字体调整到这个程度就差不多，基本上得到了我们想要的效果了。然后我们根据原型图，将辅助信息、背景、底纹加上之后就得到了最终首页的效果，如下图效果演示页面，扫码可观看 H5 标题页面演示。

扫描二维码，观看案例

## （二）途牛 2015 年第 3 季度财报标题设计

2Q15 财务报告第 1 屏 - 原型图

途牛是以旅游业务为主的互联网公司，在视觉上，一直以来给人的是阳光活泼的卡通形象，所以在设计这次季度财报时，考虑到了轻松的旅游气氛和公司的固有形象这两个因素，决定将常规来说应该凸显理性和科技感的互联网财报做成轻松卡通的风格。

而落实到标题页的话，就要求标题应该活泼可爱，能够与整个 H5 的卡通气氛保持一致，最初的设计方向考虑到了字体要有好的识别性，应该粗壮有力，应该带有卡通元素，我们在第一版设计中得到了下面这个标题字体。

2Q15 财务报告第一版标题字体

这样的字体构成对于常规的海报和平面广告来说是合适的，但是当我们把标题放入 H5 首屏画面时，发现了问题。因为手机屏幕太长，这种比较宽的字体就会让整个画面显得空旷并且不均衡，所以我们无奈只好重新再设计字体。

　　为了让整个画面更饱满，并有更好的识别性，字体被重新设计成了方形布局，并且增加了一些分割线和色块来丰富画面，在设计的过程中为了能够更好地凸显品牌特性，我们故意将板正的数字和中文调整成了歪歪扭扭的效果，来达到轻松的感觉。（项目在进行的过程中，原需求标题的"2Q15 财务报告"被调整为了"3Q15 财务报告"。）

3Q15 财务报告标题方正版　　　　　　　　　3Q15 财务报告标题修改版

　　即使是布局和气氛做到位了，我们仍然会觉得整个标题显得有些呆板，活泼的气氛不够突出，为了让标题更加丰富，我们想到了将 H5 内的一些具体元素加入到标题的办法。

3Q15 财务报告标题修改版　　　　　　　　　H5 内的数据相关元素

这样一番调整后，整个标题增加了很多与 H5 主题相关的小元素，在视觉上有了层次，也有了一定的丰富效果。为了让标题更醒目，我们在字体的基础上又增加了一层厚度，在下图的对比中你会发现，整个标题更亮眼了。

增加元素之后的标题　　　　　　　　　　　　增加立体效果之后的标题

是不是设计到这一步就可以了呢？大家可千万不要忘记了，H5 可是结合了多种媒介的表现形式，我们是不是可以借用一些非平面的方法让它更生动、更有趣、更贴合主题呢？于是，在这个基础上，我们在标题上增添了动效效果。

**小提示：**

利用矢量软件 AI 对标题进行了局部调整，导出 2 帧动画并且存储为 PNG。

最后发给前端工程师利用代码合成小动画。

标题动态效果第 1 帧

标题动态效果第 2 帧

因为主标题视觉过于复杂，所以动效在这里只能起到辅助作用，它的表现力不能太强，也不能太过于生硬，要达到有动效，又不扰乱画面的效果。在这个前提下，我们找到了一个十分讨巧的做法，就是把标题做成帧动画，而且只需要 2 帧，整个标题就能变得更加生动，因为估计到整个 H5 的体积不能太大，我们最后将标题设计成了一个 2 帧的动画。当然，为了动画更加细腻，你可以做成更多帧。

而最终的效果，你可以扫描下方的二维码来观看演示案例。

扫描二维码，观看案例

虽然不是说所有的 H5 页面都需要设计标题，但这部分内容仍然不能被设计师们所忽视，有过平面广告设计经验的设计师会更善于设计适用而好看的标题，而缺乏相应基础的同学就需要勤加练习了。最后，本书为你推荐了一些关于字体设计的优秀教程，通过扫描随后的二维码，就可以观看内容了。

阅读延伸：
**字体设计经典教程**

扫描右侧二维码 – 观看行业分析文章

我们从文案、排版和字体设计这三个维度来为你讲解了 H5 页面的相关设计方法，这些内容都是通过大量实践总结出来的，而本书关于文字的这部分内容表述，实际目的是想要开阔设计师的眼界，希望这样的抛砖引玉可以唤醒那些还沉醉于画面执行的设计师，能够给你们带来一定的反思。文字在 H5 里，真的很重要，而它的维度也远比常规平面设计要大得多。

# 3.5\H5 的动效设计

现在的 H5 页面设计已经很难和动效区分开了，即使再简单的页面，没有动效辅助，也会让人觉得单调。对于大多数只看重视觉效果的设计师来说，这就像是一场灾难！由于不理解与动态相关的设计方法，从而总是依赖直觉，当遇到设计困难时，也不知如何去调整和优化。

本章节就是为那些对 H5 动效还未入门的朋友编写的，它将会从概念、常识、技巧 3 个维度来为你讲解动效在页面内的尝试与应用。

## 关于动效，你要清楚一些事情

从人睁开眼睛看世界开始，你的眼睛就特别容易被动态的事物所吸引，即使面对再复杂的画面，我们都能觉察其中微弱的变化，哪怕是细微的明暗，这是人的生理特性决定的。相对静态画面，动态对人的视觉具有极大的吸引力，而这种吸引力又会遵循一定规律次序：

同时，因为手机屏幕普遍较小，在内容承载上远远无法像大尺寸画面那样容易创造视觉冲击力。所以，我们需要借助动效来优化内容，一方面多维度的信息需要动效串联，利用它的优势来提升内容表现力；另一方面，利用它在时间维度上的变化来让内容更有条理。下面就让我们来具体地聊一聊和 H5 有关的动效知识。

## （一）不要忽视动效的发起与结束

相信大家在看影视剧时，经常会有类似体验："某某与某某怎么就成敌人了？某某男女怎么就好上了？为什么这两个朋友就打起来了？看了半天，一点都没看懂，不符合逻辑！"一些情节存在漏洞的影视剧，经常有类似情况。

而动效设计和影视剧创作有相同特征，它们都引入了"时间"维度，所有的内容是一连串的线索，线索内的一切事物都应符合认知逻辑，应该让用户清楚它们是如何开始的，又是如何结束的。

比如说，你在浏览页面，然后点击了页面中的某个图标，突然在屏幕中出现了新的页面，没有任何过渡和提示。这时，困惑的你会通过经验去认为，这也许是刚才我点开的页面吧？而当这个点击有符合常规逻辑的动效进行过渡时，用户就不会产生困惑，会合乎情理，容易理解。

扫描二维码
你可以观看动效演示

MAC OS 与 iOS 系统的过场动效演示

　　界面的突然改变会打散人的注意力，给用户带来困惑，而现实世界中万物的运转也都在遵循一定的规律，很少有突兀的改变。所有动作都会遵循**启动－运行－收尾**这个过程，就像是你随手丢出去的纸团，它会经历**抛出－飞行－减速下落**的过程，而好的动效设计就是一个视觉线索，你不会看到元素无规律地出现和消失，它能够让人清晰地理解动作发生的前后关系。

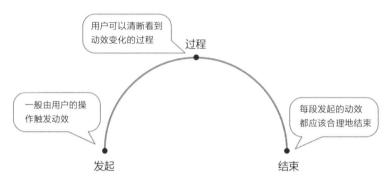

每一段动效都会经历这样一个过程，在设计的过程中切莫虎头蛇尾

　　元素是如何出现的，后来又是如何消失的，元素怎么从一个图形变成了另外一个图形，而理解这个过程是动效设计的关键起点，下面本书为你精选了一些能够明确表示发起与结束的动效演示，扫描下方二维码就可以观看。

## （二）有交互的动效更有感染力

动效与动画最大区别在于，动画的展现是孤立的，观者很难和内容发生联系；而动效与用户的关系却是紧密的，他们可以通过一系列的交互方式产生链接。

就像是两个人交谈，你每次抛出的观点，都需要得到对方的反馈。往往有质量的聊天会持续很久，人的注意力因为有效的反馈而被牢牢抓住！这也是为什么游戏让人爱不释手，就像是"俄罗斯方块"、"贪吃蛇"这种消除类游戏，你每次操作的反馈都非常直接和清晰，即便内容非常简单。如果动效的发生都能通过用户的交互来实现，那么用户的注意力也将会被大大提升。

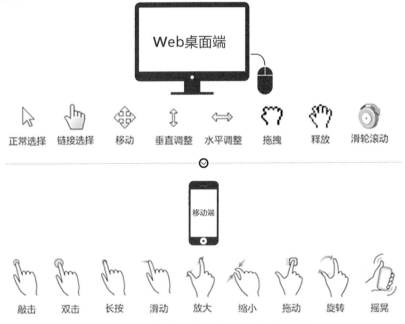

PC 端鼠标交互方式与移动端手势交互方式对比演示图

除了常规的点击和操作，用户的一切交互行为都应该有动效作为呼应，当用户操作有相应反馈、不同动作可以激发不同响应时，用户也就更明白自己在做什么，注意力也更容易集中。

### （三）好的动效都有情感

情绪往往来源于人们对世界的不同感受，当我们把机器与现实世界相比较时，机器死板、僵化的硬伤就变得特别明显。就像是手机屏幕上的动态效果，如果只是为运动而运动，那么一切的设计就会毫无生气。而在动效设计上讲情感，就是为了能让用户激起更多现实世界的体验共鸣，那么究竟应该怎么做？

#### 1. 物理世界的还原

如果动效能让人联想到现实世界，那么它看上去会非常自然而舒适。如果它让人联想不到任何东西，这就意味着它没有任何情感，像是冰冷的机器。现实世界中所有运动都会受物理法则的影响，汽车刹车时因为惯性人会突然前移、物体下落时因为加速度会越来越快、皮球打在地上因为材质和重力又会连续地反弹，而不同物体又因为质量和材质会呈现不同的运动方式……这种现实生活中常见的规律需要重新解读和分析，它需要设计师通过方法重新植入到动效中，而**好的动效设计实际是在抽象现实世界的具体运动过程**。这里，我们来看一个经典的球动效案例：

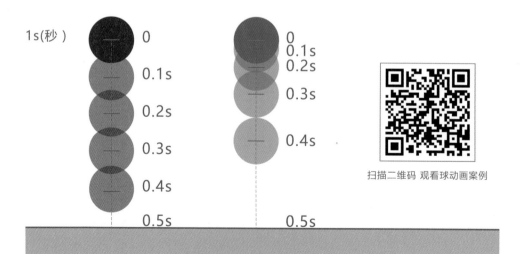

扫描二维码 观看球动画案例

这是基础动画课的一个经典案例，现实世界由于受到重力、材质、环境的影响，皮球的运动不可能是匀速的，而在代码的环境里没有这些限制，我们完全可以把任何运动都做成我们想要的效果。但是人们已经习惯了现实世界中的皮球运动，只有当你去模拟真实的皮球运动，观者才会有更强的代入感，在理解动效时也会更容易。

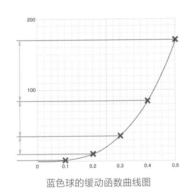

蓝色球的缓动函数曲线图

几乎所有的动效都可以在现实世界找到对应的运动参考，而你还原的动效越细腻，设计出的内容就越能给人带来共鸣和舒适感，对于实现世界运动的思考和观察，有助于你更好地表达动效。而在技术领域，这种情感的思考被归纳成了**缓动函数**，它同样也是对惯性、加速度、重力、材质、环境等因素的归纳。

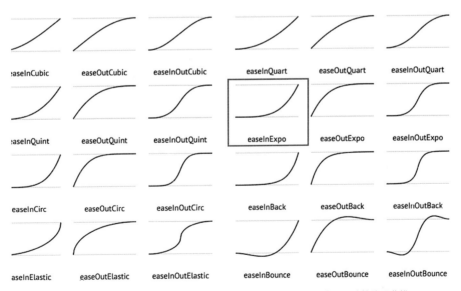

这是对于不同运动方式归纳出的缓动函数曲线图，红框曲线是皮球运动的演示曲线

虽然缓动函数是程序工程师要学习的内容，但是 easings 以演示动画的方式搭建了网站，设计师可以在上面看到不同曲线的运动参考，通过扫描下方二维码我们可以直接看到演示。

特别强调的是，时间作为重要的介质同样不能被忽视，尤其是移动的物体想要静止时，需要减速的时间，以及静止的物体想要运动时又需要加速的时间。而这些都是从现实世界吸取的经验。

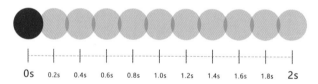

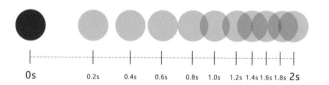

扫描二维码 观看球动画案例

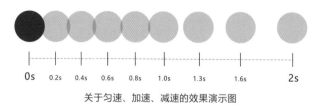

关于匀速、加速、减速的效果演示图

## 2. 动效 / 动画与交互方式的结合

由于动效和交互并存，所以当用户用手去操作时，如果能够使界面的动态走向更贴合手指运动，就能营造出更好的情绪体验。

智能手机的操控种类繁多：方向传感器、加速传感器、重力感应器、震动感应器、环境光感应器、距离感应器、GPS、摄像头、话筒、VR/AR 等等，它们都可以和动效结合从而带来更有情感的体验。目前已经有很多玩法被开发出来，比如多屏互动、屏幕指纹识别、利用话筒感应吹气、利用陀螺仪的全景等等，下面本书找到了 2 个商业案例。

NO.19: 手机屏幕是不具备指纹识别能力的，但利用手指操纵手机的错觉，同时借助 H5 内置视频与手指的联动，整个作品会给你带来更强烈的新鲜感，会让你觉得视频仿佛活起来了，虽然指纹识别的屏幕骗术早已不再新鲜，但是设计师从人的操作习惯入手来寻找突破的思路却是我们要学习的，你的一切动效设计都应该从人的操作习惯入手。

扫描二维码，观看案例

NO.20: 这是另外一个动效与交互结合得比较深入的例子，整个作品利用到了：重力感应、点击操控、模拟吹气（话筒）等交互方式，并且利用与交互动作相关的动画效果予以照应，创造了超越画面本身的参与感。

这些都是和手势结合比较深入的行业案例，而这个领域的设计方法还在不断地被完善和发觉，设计师在设计动效时，应该多从交互本身去思考作品要表现的效果。

## （四）动效的层级与节奏

节奏是个非常大的概念，关于动效的节奏又是一个复杂的课题，在本书，我们以点带面，来聊聊 H5 的节奏特征：

### 1. 整体节奏

优秀的 H5 和电影、小说类似，它们都需要一个有效的叙事节奏，一部常规的好莱坞商业电影，至少要安插 2 个情节高潮，我们如果以 90 分钟一部电影为例，你会发现电影的节奏高潮会集中出现在第 10 分钟和第 80 分钟，这样能非常容易调起观者的情绪。一篇好看的文章或者小说，需要遵循"起承转合"的叙述框架，会经历从**叙述 — 产生矛盾 — 解决矛盾—最后收尾** 这样的过程，这同样是一种隐形的节奏。

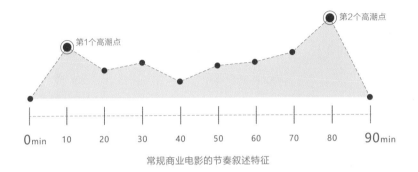

常规商业电影的节奏叙述特征

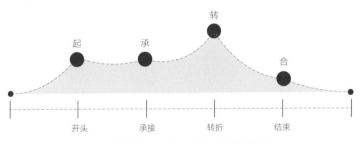

常规文学作品、小说、文章的节奏叙述特征

这些创造矛盾和起伏的方法几乎适用于所有艺术创作，并且同样可以沿用到 H5，当你遵循了一定的节奏去创作作品时，你的作品也将会更具备感染力。

如果 H5 的内容是一系列的穿插，我们完全可以借鉴故事的叙述方法，通过创造矛盾来达到吸引注意力。这里，我们拿一个商业作品作为实例：

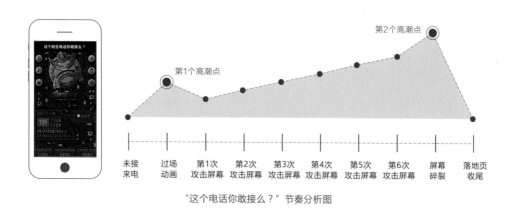

"这个电话你敢接么？" 节奏分析图

NO.21: 这是国内第一个伪装接电话的 H5，而实际抛开这个小聪明，整个 H5 的节奏设计也是非常具有参考价值的，它实际上参照了电影的节奏特征，在整个体验过程中设计了 2 个高潮，而又因为 H5 本身体验时间较短，所以不用在中间安插过多的缓冲情节，可以让情节一路走向高潮，而具体节奏点的设计请参考上方图例。

如果 H5 的内容是多屏，我们可以参考经典的节奏规律（电影、文学作品等节奏特征）来创造新的作品节奏，把有强度的内容安插在合适的分屏内，让用户更合理地去体验。

这是我们常见的分屏类 H5 的节奏情况，往往第 1 屏是华丽的大标题，后面就开始流水账一般地叙述内容。通过分析你会发现，这样的节奏高起低走，用户很难被这样的延续性内容提起兴趣。

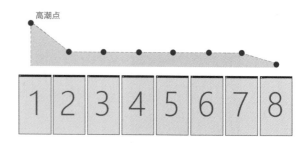

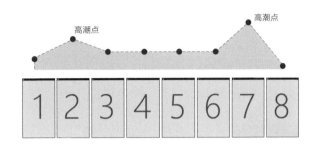

而如果我们将第 1 屏设计为引导性的简单页面，而把内容的高潮分别设计在第 2 屏和第 7 屏的话，整个 H5 的体验就会变得张弛有度，用户的情绪也更容易被抓取。

当然，不是所有的页面都需要考虑这个问题，对于带有叙述性的内容来说，节奏是隐形的感染力。

### 2. 具体节奏

自然界中的万事万物都需要情节的描述，而矛盾则是情节的基础，当动效带有对比时，内容也将会具备矛盾的冲击力，能够加强人的注意力。页面的具体节奏则指代在页面内动效起到的层级划分作用，试着通过演示案例，去体会动态对内容产生的主次之分、强弱之分、空间之分，虽然这是一个非常简单的演示，但是它确实包含了这 3 个因素。

扫描二维码 观看案例

　　碎片化运动的节奏运用：当一组内容利用时间间隔产生不同运动时，它往往会更吸引人的注意力。而当碎片化的动效搭配大面积的视觉元素时，同样也能给人视觉带来节奏的舒适感。利用时间和速度变化的特性来形成一定规律，或者逐渐出现、或者强弱对比、或是简单的闪烁、或是快慢的运动反差，只要遵循一定的规律即可。

扫描二维码 观看案例

碎片化动效的演示

　　带有交互的动效可以让我们在不大的手机屏幕上扩展更多的空间，可以适当地隐藏次要信息，或者说用动效有意地对信息进行拆分和重新梳理，这也属于我们要注意的页面节奏设计，我们可以将次要信息隐藏或者将 H5 的其他页面菜单隐藏在某些按钮内，通过交互的方式来触发其他页面，尤其是对一些内容量比较大的 H5 来说这样的层级节奏划分非常重要，它能够让作品更加有条理。下面本书收录了一些常规 APP 的菜单演示和一些商业 H5 案例的演示，通过扫描二维码就可以观看。

阅读延伸：
**带有菜单的动效**

扫描右侧二维码 - 观看行业分析文章

扫描二维码 观看案例

菜单类 H5 演示案例

而这种界面的跳转有两个非常重要的前提需要注意：

第一，要让用户清楚页面之间的从属关系，整个场景的变化不要太过于跳跃，要以已有场景作为基础，动效变化不建议太大，不然很容易产生困惑；

第二，在现实世界，如果你把东西放在某个视野以外的地方，像是背包、抽屉、柜子里，你知道打开它们就能找到。而在手机里，如果一个元素移出了屏幕，或者我们跳转到另一个界面，它就不"存在"了。所以，要把动效的层级归纳清晰，能让用户可以清楚知道如何"返回"，如何去"下一步"。

### （五）动效应该适可而止

动效虽然是非常好的表现方式，但过于引人瞩目的特性一旦运用过度，反倒会适得其反，好的动效往往是恰到好处的，有时甚至会让你难以觉察到它的存在。有一个产品设计的经典案例，就是 iOS 的惯性滑动效果，很多动效相关的教材都会引用这个案例，因为它就恰到好处地利用动效解决了智能手机的开机问题。

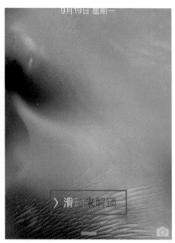

从 iOS6 到 iOS9，iPhone 的惯性滑动解锁虽然界面发生了变化，但交互方式一直未改变

关于动效的优化，也有两个特别容易被忽视的点：

### 1. 别分散用户的注意力

很多设计师在设计动效时，会做多余的设计，把原本一步能解决的动效做得细碎而复杂；或者是把原本应该快速表现的内容做得慢慢吞吞，这样会降低内容识别度，让用户分心，千万不要牺牲别人宝贵的时间来看你毫无目的的动效。

### 2. 别领跑用户的注意力

又有很多设计师会迷恋动效的表现力，过于投入细节，导致整个 H5 体验失衡。动效只是内容的延续方法，它的作用是保持用户关注主要信息，而不是为了炫技而存在，用户很可能会只记住动效本身，忽视了 H5 传递的内容。如果你不确定某些动效真正有用，那就去做减法，避免过度设计。

扫描二维码 观看案例

同组基础元素，改变动效展现方式带来的体验差异的可交互演示

## 在H5 ，我们可以实现哪些动效？

H5 到目前为止，虽然有丰富的动效表现能力，但还是会受诸多限制，这些限制来源于技术、网络环境、团队构成等多个因素。下面就给大家介绍下，H5 动效的主要类型和实现方法：

## （一）GIF 图

GIF 图动画多用于辅助性动效，像是场景内的小道具、加载的 Loading 导航条等，一些比较小的元素，通常会采用这种方法来设计。它的优点在于技术含量低，而且效果相对比较丰富，我们看到的大量微信图文内的动图都是通过 GIF 来实现的。

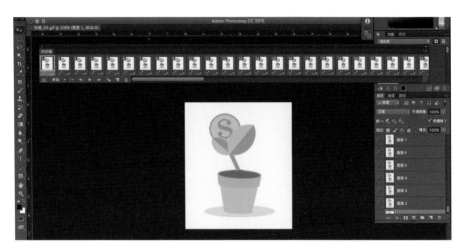

利用 PhotoShop 制作的 Loading GIF 动画

GIF 动画通过 PhotoShop、AI、Flash 等软件都可以快速实现。但是缺点是体积较大、失真率高，而且 GIF 动画是定型的，不可以进行操控。

### （二）帧动画 / 序列帧动效

序列帧动画的原理更类似影像的呈现原理，大家都知道常规的视频每秒是 24 帧，实际就是在 1 秒播放 24 张连续的图片，在不同的领域对图片的要求数量也不同，带有高速摄影的视频需要达到 48 帧每秒，一般的动画也要达到 14~18 帧数才能流畅地播放。而帧动画和 GIF 一样是一组图片，但不同点在于它的运动是由代码编辑的，播放的快慢是可以用代码来操控的。

帧动画的好处是：可以对动画进行快慢、停顿、播放等带有交互性的操作，很多 H5 复杂炫酷的主视觉，就是借助了帧动画来实现的。而弊端在于：如果动画面积过大，或过于复杂，整个页面的体量可能会非常糟糕，会影响到加载和体验的流畅度。

扫描二维码 观看案例

作品"我们之间只有一个字"部分帧动画演示画面

## （三）视频类动效

这类 H5 具有非常强的迷惑性，可以给人比较强烈的感染力！而大部分案例实际是视频套了一个 H5 的外壳，而设计的技巧和要领来源于专业的动画设计师和栏目包装类团队，你可以做出任何你喜欢的表现形式，然后转成视频挂到 H5 内。

而弊端在于，在体验过程中是没有交互的，如果我们过滤掉 H5 的属性，它就和你平时看的视频是一样的了，只不过这样的视频是专为手机屏幕设计的。

扫描二维码，观看案例

NO.22: 这个视频类 H5 在 2016 年 4 月份上线时造成了不少的轰动，因为多数用户当时并没有意识到整个 H5 只是一支 MP4 格式的视频，而内置的各种华丽的特效动画的表现力也与 H5 本身的技术关系不大。

### （四）代码级动效

这部分动画主要是由前端工程师来实现的，设计师需要将演示 Demo（或视频）和元素提供给前端工程师并协同他们完成最后效果，设计师虽不需写代码，但仍需要对实现方式有大致了解，H5 和代码有关的动效类型常见的有这几种：

**CSS 动效：**这是一种擅长平面表现的动画形式，当然它同样能实现很多空间拉伸变换的伪 3D 命令效果，如果使用得当，可以营造出非常特殊的视觉效果。而下面这个 H5 作品就是利用 CSS 空间变换命令实现的效果。

**SVG 动效：**它是一种基于 HTML5 的矢量动画，可以自由地放大、缩小而不失真，体积极小，并且作为文本存在，存储非常方便。SVG动效其实是由一堆定位锚点连线生成的，每个点都是一个命令请求，这也就意味着如果动画过于复杂，大量的运算就会造成卡顿，这也是该效果的弊端。

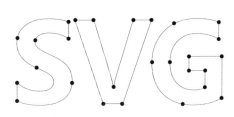

由锚点构成图形，通过点的移动形成动效

**canvas 动效：**<canvas> 作为 HTML5 的新标签，拥有极为丰富的表现力，它类似于一个画板，即使需要绘制大量的图形和内容，也不会占用太多空间，它可以流畅地表现较为复杂的画面，但不可能像 SVG 那样自由地放大缩小，而且尺寸是相对固定的。在之前章节，本书已经推荐过的 FWA 动效库，就收录了大量 <canvas> 动态效果。

FORM FOLLOWS FUNCTION
fff.cmiscm.com

**JavaScript 动效：**其实，只要是涉及到交互反馈的动画，小至滚屏翻页，大到重力感应，都需要 JavaScript 进行处理和编写。也就是说，所有的动画特效都离不开 JavaScript 的支持。而稍懂点代码的同学就会知道，对应 JS 的脚本库也是数量庞杂的，这些脚本库就像是我们设计师做设计时的素材库，有很多现成的代码素材可以使用，例如擅长 3D 编写的 three.js 等，如果你熟悉这些动效库，会发现原来那么多在朋友圈曾经刷爆的 H5 作品都是从这里来的。

**Web GL：** 是在 H5 内专门表现 3D 的一种语言，在 H5 内的很多 3D 场景都是由 Web GL 来实现的，对于前端工程师来说，这个领域依然新颖和深奥，在本书就不展开讲了。实际利用浏览器制作 3D 是一件比较有难度的事情，而一旦表现到位，整个作品给人的体验是截然不同的。下面这个作品是 2014 年圣诞期间上线的 H5 网站，虽然已经过去了好几个年头，可今天我们再来看这个作品，依然会被它丰富的细节和优秀的技术所感染。

**VR/ 全景动画：** 在移动端网站，严格意义上来说是不可能实现 VR 虚拟现实的，必须借助穿戴设备，而这类动画在 2016 年下半年却异常火爆。但实际情况是，目前的 VR 除了可以做到位置偏移以外，还很难实现交互操作。因此，目前的实际案例也都还不成熟，在 H5 内的运用也还要经历一段时期的发展。

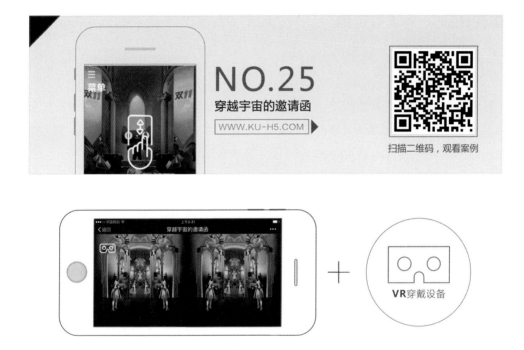

设计师平时应用最多的动效实现方式是本节的前 3 种，而了解其余几种动效的目的是为了更好地理解 H5 的表现力，这能够让设计人员更好地和前端工程师沟通，理解前端工程师的工作内容。

如果你对代码相关的知识感兴趣，可以通过扫描下方二维码，获得更多优质的学习资料，看完 W3C 官网的描述，你就会对 HTML5 的相关技术有大概的了解与认识了。

# 动效在H5的一些实际运用

## （一）转场类动效

转场切换类动效有这样的特征：动效展示面积大，持续时间短，一般充当视觉过渡的线索。这类动效的目的是描述场景的过渡和空间变化，让用户认知自己当下所处的状态，让你清晰场景是如何转变的，在设计转场动效时我们要注意以下几点：

### 1. 转场时间要快

对于翻页类 H5，我们习惯设置一个 0.5 秒左右的转场时间，如果转场太慢，在上一个页面的体验感很可能会因为转场太慢而被消耗掉，会出现"断篇"导致体验不流畅。

扫描二维码 观看案例

### 2. 引导过渡自然

转场过渡起到承上启下作用，用户一定要能看到并理解上一个页面如何消失，下一个页面如何出现，虽然只是一瞬间，但不能让观者困惑。就像是 iOS 系统在主界面与 APP 文件夹切换时就用到了"神器移动"的转场过渡，快速而且简练，我们在"不要忽视动效的发起与结束"一节中已经给出了演示。

### 3．转场动效形式要与内容相符

目前我们能实现的转场动效已经很多了，而采用哪种形式却要根据具体内容特征来确定，如果把握不好形式，那么中性的转场最为合适，也就是常规的 H5 翻页。目前常见的转场形式如下：

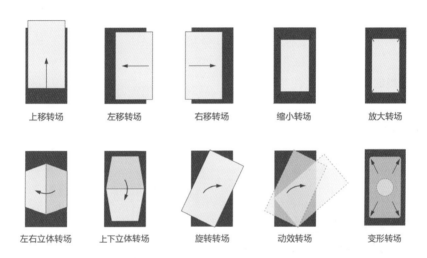

| | | | | |
|---|---|---|---|---|
| 上移转场 | 左移转场 | 右移转场 | 缩小转场 | 放大转场 |
| 左右立体转场 | 上下立体转场 | 旋转转场 | 动效转场 | 变形转场 |

我们也没有必要被限制在这些经典形式当中，在设计 H5 时，还可以运用变形、拟物、具体动作等完全反常规的方式来设计转场，只要是能够和内容产生联系的元素，我们都能把它抽象为有助于表现内容的转场方式——只要形式与内容能够达成统一。

为了让读者看到更多有趣的转场，本书专为读者编辑了一篇动效演示的文章，只要扫描下方二维码，就可以看到本书收集的特殊转场。

阅读延伸：
**H5 的特殊转场效果收集**

扫描右侧二维码 - 观看行业分析文章

### （二）内容类动效

这类动效往往会用来表现具体内容，动效面积比较大，而持续时间又特别长，经常会涵盖影视、动画、平面、交互等多个维度，通常以视觉体验为主的 H5 作品会涉及到这个领域。该类动效的制作需要结合本章节讲到的所有动画特征来进行设计，往往想要设计出好的内容动效需要一定的专业动画制作能力，由于专业跨度较大，就不进行深入讲解了。而内容类动效可以大体分为两类，它们分别是**无交互类**和**有交互类**：

**无交互类动效**

大部分无交互类动效以视频的方式植入到 H5 当中，它们通常是一段按照手机屏幕大小制作的动画，往往也非设计师完成，需要动画师和特效师的介入。

穿越故宫来看你　　　　　　韩寒最新微博：说的比唱的好　　　　薛之谦史上最疯狂的广告

在 2016 年，曾经一度风靡的 H5 作品"穿越故宫来看你"、"薛之谦史上最疯狂的广告"的主要内容，就是典型的无交互类动效，这类动效没有交互的介入，它更像是音乐电视（MTV）

在移动端的某种变体。执行到位的话，这类案例同样能在缺乏交互的情况下给人带来畅快的体验。

**有交互类动效**

同样是大面积动效画面，但不同之处在于，串联内容的主角不再是声音元素，而是用户的具体操作。这类动效的经典案例在本章节的《好的动效都有情感》一节中已经有所列举了，像是"V视界大会邀请函"和"看到《盗墓笔记》这个章节我就着了魔"都属于有交互的内容动效（可以参看之前章节案例）。

这类动效需要用户的点击和操作能够较好地响应到画面的具体内容上，交互的方式最好能够与H5内容产生关联，像是"V视界大会邀请函"的长按屏幕的交互设计，或者像是"看到《盗墓笔记》这个章节我就着了魔"多种与画面相关的交互方式，即使与主题衔接得没那么紧密，但多样的交互方式同样能给人带来不错的体验。

内容类动效是丰富多彩的，这一节甚至具备单独编辑出书的能力，对于大多数普通设计师来说，先了解内容类动效，深入地学习和研究还是要借助更为专业的动画类书籍。本节最后，收录了动画行业最经典的设计理论《迪士尼12个动画原理》，虽然文章内容在上个世纪编写完成，但它就像是伊顿的《色彩原理》一样，一直是行业的核心理论，仍然无法被替代和超越。通过扫描下方的二维码，你就可以看到这套原理。

阅读延伸：
**迪士尼 12 个动画原理**

扫描右侧二维码 – 观看行业分析文章

## （三）辅助性动效

辅助性动效能够让 H5 具备更多的细节和趣味，能够增添画面表现力，这类动效面积小，并持续时间短。下面介绍几种常用的辅助性动效，它们都是增添作品感染力的小技巧：

### 抖动／闪烁

页面主标内容的微弱抖动，整体画面的小幅度移动，这些都是我们比较常见的辅助动效，它们能很好地活跃气氛，同时又不会因为运动幅度过大而干扰画面节奏。但前提是，主题画面的视觉面积要比较大，轻微的运动才不会影响到画面的体验。我们在之前章节讲到的关于动效的碎片化运动和这一节的原理类似，你可以参看之前章节的演示效果，下面是本书给出的另外一些行业案例：

H5 动效闪动效果

扫描二维码 观看案例

### Loading 动效

当用户在等待 H5 打开时，时间会慢如蜗牛。如果加载动画足够出彩，人的注意力会被吸引，自然会愿意付出时间来等待。所以，H5 的国 Loading 设计是提升作品品质的重要方法，如果你的作品需要长久加载，建议在 Loading 的设计上多花些心思，本书收录了一些优秀的 H5 Loading 页面，通过扫描下方二维码就可以观看。

### 声效按钮的设计

H5 的音效开关同样需要动效来辅助，需要让每个点击都有反馈，要让用户清楚音乐开关状态。音乐按钮的设计，往往会先去参考生活中真实音乐设备的特征，然后再去结合 H5 的主题内容进行创造，按钮需要与画面达到统一，有时也会设计得比较夸张，就像是例图中的大嘴，而音效开关的动效往往只需 2 张开关状态的分帧 .png 图就可以解决了，如下图：

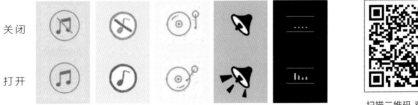

扫描二维码 观看案例

### （四）功能性动效

这类动效强度低、展示面积小，持续时间短，一般会出现在提示翻页、点击按钮、点击分享的位置，它们利用小幅度的运动来提示用户去完成具体操作，有着很高的功能性与低强度的特征。在 H5 页面中，所有针对操作的引导动效几乎都属于功能性动效，而在设计功能性动效时，有两点需要注意：

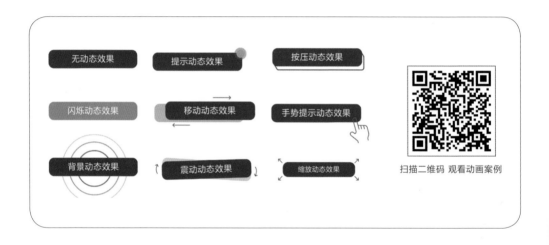

扫描二维码 观看动画案例

① 如果你的页面有操作引导信息，那么建议你加入指向性动效进行说明，否则用户很容易被复杂的页面搞得晕头转向，不知道下一步应该做什么，也注意不到引导信息；

② 功能性动效为了不破坏画面体验，往往面积较小，但当它出现时，必须是当前页面最为引人注目的点，能够被用户注意到。所以，带有功能引导出现时，画面多为静态，即使有运动，要么等页面运动结束后再出现，要么等所有动效强度都低于引导动效时再出现。否则会被其他内容淹没，让用户不知道究竟下一步要干什么。

关于 H5 的动效内容就先探讨到这里，由于篇幅有限，内容不可能做到面面俱到，希望本书的常识性介绍，能让那些对动效缺乏认识的朋友获得启发，动效作为 H5 页面设计的一个分支相对比较重要，而真正好的 H5 页面又无法脱离动效，它是一个综合性极高的表现方法，需要不断地学习和体会，章节中收录的大量延伸学习资料能够很好地帮助你学习更多的动效知识。

本节最后，向大家推荐一支 WWDC 2013 开发者大会的开场视频，这个视频仅仅用到了点、线、面简单元素就基本还原了动效所应传递出的情感、力度、节奏、体验等多种因素，值得反复观看、学习和体会。

阅读延伸：
**苹果 WWDC2013 开发者大会**
**开场视频（中 / 英）**
扫描右侧二维码 - 观看行业分析文章

# 3.6\H5 的声效设计

　　起初，大家只是因为手机能打开带有声音效果的页面而感到新奇；而如今，任何一个 H5 网站都已经不能缺少声音的烘托和渲染了，在本章节我们会从声音与设计的概念、作品声效的分析和制作声效的方法这 3 个维度入手，来了解 H5 的声效知识。

## 你一直在忽略声音

### 声音和视觉究竟谁更重要？

人类的五感图（视觉、味觉、嗅觉、听觉、触觉）

　　我们的视觉是人类五感之一，它利用眼睛来接收信息，可以直接通过画面和色彩来感知世界，如果你失去了视觉，人瞬间会没有任何方向感。而听觉则完全不同，它通过接受声音让人类认知周围的环境，同时确保人类肢体的平衡，声音的本质是震动传播，而声音又以声波的形式存在，它可以直接和人体发生物理反应，按照声音理论的描述来说，声音属于硬接触、而视觉不过是软接触，如果人失去了听力，可能连站都站不起来，声音的强与弱更容易影响到人类的行为，这也是为什么音乐更容易让人振奋。

**乔治·卢卡斯（George Lucas）**曾经这样描述过声音："声音是人生体验的一半。"这样的形容看似夸张，但实至名归。所以说，从用户体验来讲，音效的设计对于 H5 而言尤为重要。

> **小提示：**
>
> 乔治·卢卡斯（George Lucas），工业光魔公司创始人，6 部《星球大战》电影总导演，而皮克斯的前身也是乔治·卢卡斯创立的工业光魔动画工作室。从 1977 年的《星球大战 - 新希望》开始，电影行业在工业光魔的带领下进入了特效时代。

### 目前设计行业的现状

原则上视觉与音效在 H5 同等重要，但由于目前移动端的传输能力在声音方面的优化不如视觉，而且由于项目成本、公司架构、团队构成等多种因素，造成了很多 H5 的设计与开发很难介入专业的音工人员，以至于目前市面上的多数 H5 作品在这个领域十分薄弱，只有少数创意团队意识到了声音的重要性。

而目前在行业内普遍认可的优秀作品实际都介入了专业音工团队，你经常会觉得某些作品品质高、体验好，但又不知怎么去形容？而多数情况下，是好的声效起的作用。这个领域如此重要，但又普遍被忽视，这同时也意味着，H5 在声效的设计上存在巨大潜力！

### 设计人员应如何应对？

由于专业领域跨度较大，不少设计师对 H5 的声效设计毫无头绪。而学习声效设计和做视觉设计类似，都需要长期的实践和大量素材的积累。所以说，本书也不会去死搬硬套地教设计师如何去原创编曲，这并没有意义，而是会引导设计师提高选取音乐素材和改良音乐素材的综合能力，希望能够让设计师意识到声效的重要性！

## 声音的3个类别

**音效:** 广义上来说,它是除音乐和语言外的所有声音,人为创造出的带有戏剧化的效果。一段旋律、一段人声、一段嘈杂的环境,我们都可以把它们称作是音效。

**配乐:** 一般是指在电影、电视剧、记录片、话剧等文艺作品中,按照情节的需要配上的背景音乐或主题音乐,多是为了配合情节发展和人物的情绪, 起到烘托气氛的作用,以增强艺术效果。

**音乐:** 是指有旋律、节奏或和声的人声或乐器音响等配合所构成的一种声音艺术。

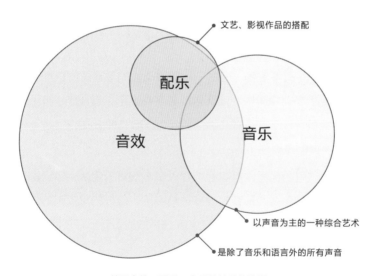

关于音效、配乐、音乐的关系结构图

　　我们通常所说的音效、配乐、音乐有本质的区别,前两者作为辅助角色存在,而音乐却有着固定的主题、旋律和节奏,这也意味着,音乐是最难和其他外来元素配合使用的,因为它本身就是独立存在的,一首音乐就是一个闭环的系统。而配乐与音效不同,它们仅仅只表现一种情绪或者一种状态，通常不会携带明确的主题，这也就意味着它们更容易去与画面做搭配，和视觉形成互补。所以，设计师在寻找声音素材时，首先要纠正一个误区，你找的不是音乐，你找的实际是配乐和音效，这样去寻找相应内容，才会有所收获。

# H5的背景音效

我们拿熟悉的电影来举例：如果你看电影只看字幕不听声音，是不是根本看不下？只听角色对白，没有任何声效，是不是也坚持不了多久？会觉得内容不完整，感觉缺了点什么，如果设计师像是熟悉电影一样熟悉 H5 的话，那你是不是能意识到自己的作品在音效上存在致命伤呢？

## 声画对位

当下，H5 的背景音效经常被忽视，和早期有声电影出现时遭遇的处境类似，人们认为声音会影响画面的表现力，而没有意识到，是你使用了错误的方法选择了不合适的声效。

在这里，我们需要借用一个影视制作中的专业感念，它叫做**"声画对位"**。声画对位最早来源于《有声电影宣言》，它主张"把声音当作脱离了视觉形象的独立因素"来使用，这也就是我们后来熟知的电影制作的方法，每部电影都很少采用同期声，所有的声音都是后期搭配和重新制作的，在最后才会和电影合成在一起。这样的好处是，可以让声音与画面达到我们想要的照应关系，创造更好的代入感。下面我们来看一个广告案例：

阅读延伸：
**本田周年创意视频广告**

扫描右侧二维码－观看行业分析文章

就该广告来说，这个视频内的所有动作都与声音达到了对位效果，而当你去掉声音后，会发现良好的体验将会全部丧失。

这也就意味着，你采用的所有背景音效都要和页面的视觉风格、动效特征有明确的照应关系，它们相互之间能够形成闭环，创造一种全新的感受。

### 声画错位

而与"声画对位"相对应的另外一种方法，在影视制作上被称之为**"声画错位"**。这是一种更有趣的表现方法，它强调声音与画面要构成一种完全对立的关系，画面内容与声音内容要有联系，同时又是矛盾的，这里我们来引用一段经典的电影片段帮助大家理解。

**阅读延伸：**
**电影《阳光灿烂的日子》片段案例**

扫描右侧二维码 – 观看行业分析文章

片段中，背景音效采用的是国际歌的片段，歌词高呼民主、自由、奋斗，而电影画面则是一帮学生在半夜打架斗殴。音效的主题和气氛与电影画面同步，但是音效所携带的含义与电影画面所携带的含义却是截然相反的，利用声画错位所带来的这种体验反差，是新鲜而且有趣的，而该电影荣获了当年戛纳电影节的金狮奖。

**用真实的影视素材来举例有两个原因：**

① 声画错位由于执行难度不小，所以目前还没有特别有说服力的H5作品出现；

② H5的相关设计，是目前来说最需要综合能力的设计内容，没有丰富的阅历和广博的

眼界，你是不可能做出好作品的，在这个领域，融合与交叉会显得特别重要，而影视作品是最好的内容参考。

## H5 背景音效分类

本书将 H5 的背景音效分为了 3 个主要的大类，它们拥有各自的使用特征，在选择时请注意场景特点。

### 1. 气氛烘托类伴奏

这是最为常用的背景音效处理方法，音效的搭配与选择需要跟随画面的调性和内容，并且音效要能够和画面起到非常好的辅助作用。

NO.26: 这个 H5 的出彩之处就在于合适的画面搭配了合适的背景音效，轻松整洁的画面搭配的是轻柔而舒缓的音效，能够让人很快地融入轻松的气氛，这对传递阅读的主题也起到了非常好的辅助作用。

NO.27：这同样是一组背景音效与画面结合得非常到位的 H5 作品，画面给人营造的是炫酷的科技感，而背景音效则是迷幻电子配乐风格，整体节奏较快和画面的快速转场动效也形成了比较好的照应关系，虽然这是 2015 年的老作品，但如今看来，依然有非常好的体验。

在伴奏的选择上一定要先思考画面的整体气氛，目前大部分的 H5 设计还是以画面先行作为主要创作方式，尽量避开快节奏和内容变化太大的声效，人的情绪很容易被快节奏的音效调集起来，它会让用户无法专心阅读页面内容；而变化太大的音效会扰乱用户对画面的注意力，就像是上文举出的两个例子，H5 的音效都是比较简单的。而音效与视觉只有达到了平衡，才能让用户有较好的体验。

### 2．人声烘托类伴奏

人的声音或者对白，往往更有穿透力和代入感，而在具体应用人声时，也同样需要用到一定的伴奏来烘托，但切莫颠倒主次关系，如果采用人声作为背景声效，那么清晰有力的人声就显得非常重要了。

NO.28: 这个H5上线于2014年年初，作为第一批登陆朋友圈的营销类H5，"致匠心"仅仅靠着图片和描述性的对白就征服了大量用户，成为了很多开发者心中的神作。时隔几年，虽作品的形式早已司空见惯，但表现力依旧不俗，而奥妙就在于人声的运用恰到好处，李宗盛清晰的旁白让这支作品成为了H5的经典之作。

NO.29: 这个新闻类H5同样在2014年上线，并且是行业经典案例。作品中，与交互形式大量协同的现场同期声，瞬间就能把受众拉入到事件的气氛当中。对于新闻而言，该作品让我们看到了一个行业发展未来的可能，而这种互动方式与真实人声结合的创作手法也改变了传统新闻枯燥、单调的模式。

### 3. 气氛塑造类声效

这个类别的 H5 可以说是未来的发展方向，往往以音乐为主导来创造的作品目前还非常的少，熟悉 HTML5 的同学会知道，HTML 拥有音乐编辑功能，尤其是它可以和 MIDI 类音乐文件获得兼容，如果再搭配交互，你设计的页面将会释放出难以想象的张力。而这个领域依然是 H5 待开发的处女地，即使我们认为 H5 的形式已经玩得差不多了，但是并未见到带有 MIDI 类音频的 H5 网站出现。

> **小提示：**
>
> MIDI(Musical Instrument Digital Interface) 乐器数字接口，一首完整的 MIDI 音乐只有几十 KB 大，而能包含数十条音乐轨道，它传输的不是声音信号，而是音符、控制参数等指令，与原始的 MP3 文件相比，更小、更灵活、更容易操控、音质也更好，而且 HTML5 已经开始支持 MIDI 格式了，但是目前我们还很难见到数字音乐人与程序员的组合，这太超前了。

下面，本书收录了在这个分类比较优秀的作品，但整个行业的作品依然还没有达到音乐可交互的程度。所以说，在这个领域还有非常大的挖掘潜力。

NO.30

青春是什么颜色

WWW.KU-H5.COM

扫描二维码，观看案例

NO.30: 这个 H5 也是 2015 年的现象级作品，很多观者甚至都讲不出它好在哪里，只是觉得很喜欢这样的气氛。通过分析你会发现，H5 声效的重要性甚至一度超过了画面，它的背景声效与以往作品不同，是由两组音轨组成的， 一组是慢节奏的钢琴曲，而另一组是嘈杂的街市音效。

钢琴曲　　　　　　　　　　　嘈杂的街市　　　　　　　　　　留声机

这两组音轨在节奏和音高上存在着巨大反差，它们的相互搭配给人的视听带来强烈的感受反差，同时为了让嘈杂的街市音效能够更好地和钢琴曲音效融合，钢琴曲进行了做旧效果，你听到的钢琴就像是从留声机里放出来的一样，而这两套音轨的搭配在作品主题上却更值得我们思考和推敲。用这样的声效来表达对青春是什么的发问，难道不是恰到好处么？

青春不就是那种充满了矛盾与冲突、前进与迷茫、理想与现实相互冲撞的境况么，而你要是能够再结合 H5 其他几屏的画面、文案、音效来重新再看这个作品时，你应该会体会到好的声效究竟能让一个 H5 多么的与众不同。

而作品在音乐方面唯一可惜的是，在 2015 年时，很多安卓系统的手机还不支持在微信下的多音频播放，如果这支 H5 的声音真的可以做到分轨，那么音效的感染力会比现在的版本要好太多了，作品的表现力受到了当时技术的限制。

# H5的辅助音效

如果说，每个 H5 都是一顿丰富的大餐，那么辅助音效就是这顿大餐不可或缺的调味料，它让整个体验更加出彩。你的每一次点击如果都有声效作为响应、你看到的每一个画面元素如果都有声效作为烘托，整个作品的代入感自然不言而喻。

辅助声效有助于表现内容的更多细节，让画面与现实世界能够相互联系，让一些操作与体验，变得栩栩如生。

就目前来说，H5 常见的辅助音效也有 3 个大类：

## （一）功能音效

这部分音效与你的操作直接有关，例如每次的点击、滑屏、按键输入、系统提示等等，它属于音效的硬效果，通常都是一段很短的旋律，而如果你能够根据功能以及操作强度的不同，设计出带有不同动态的音效，那么它带给人的体验也是截然不同的。

 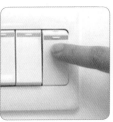  

扫描二维码 试听声效案例

## （二）拟声音效

这部分音效通过对现实世界各种声音的模拟，来创造出更为真实的体验。根据你的画面元素，来去寻找与现实世界对应的声音，并通过采集或者音乐素材搜集的方式，加入你的页面。例如：

画面元素是钟表，我们会利用滴答的声效来增强体验；

画面元素是拆信封，我们会用撕纸的声效来增强体验；

画面元素是放映室，我们会用放映机的声效来增强画面的体验；

……

扫描二维码 试听声效案例

　　根据不同的元素去寻找现实世界中相对应的声音效果，相信我，带有声效的页面会更有趣，体验也会更好！

## （三）环境音效

　　这种声效被称为环境声或者气氛声，它可以塑造一种在现场的体验效果，像是室内环境、交通环境、工地环境、歌厅环境、户外环境等，它们都有对应不同的环境声，而把它运用到你的画面设计，它就能增强人的现场代入感。而且有些页面会利用环境声搭配背景音效来设计H5，像是上文提到的H5作品"青春是什么颜色"，或者直接只用环境声来当背景音效，而不介入其他音效。

■ 环境声演示插图（自然、海滩、街道等）

辅助音效越细致、越入微，就越能激起人的情绪，这和视觉的美感法则也是相通的，就像是人们总喜欢看清晰的特写照片，而表现水的时候用细腻的水滴声、表现走路时用轻微的脚步声也同样能为用户带来更强的参与感与新鲜感，不管是利用前端工程师来帮你实现 H5 还是只是利用工具来设计 H5。目前，它们对声效的支持都已经比较全面了，如果你想让自己优质的设计再增添一些入微的细节，想让自己做的大餐再与众不同一些，那么别放弃辅助声效的运用。

扫描二维码 试听声效案例

## 一些采样常识

声效既然这么重要，那么我们应该怎么去获得好的声效？

通常我们会通过素材网站，或者曲谱库来获得需要的伴奏与音效，但你获得的所有音效仍然需要根据画面要求去做二次加工。

但有时，你需要的音效根本找不到，这该怎么办？不管你是不是专业的音工人员，多多少少还是要涉及到音效的采集与编辑，我们究竟应该如何采集，用哪些工具，怎么来判断效果呢？

## （一）音效工具软件

关于声音制作的音乐软件种类繁多，而我们需要的功能也只是简单的编辑和制作，在设计 H5 时，推荐大家用 **Garage Band**，操作简单、功能强大、效果突出，有些音乐工程的从业者，就是为了这个软件而专门买了 MAC 电脑，而 PR(Premiere)、Final Cut、Au(Adobe Audition) 等软件也同样可以做简单的编辑，都可以很高效地帮你完成音效的制作。

Garage Band　　　　Final Cut　　　　Adobe Premiere CC　　　　Adobe Audition

在这里，通常我们会把声效储存成 MP3 文件，为了照顾体积，比特率甚至可以压缩到48bit，虽已经非常失真了，但已经可以照顾到普通用户的外放体验了。目前很多互联网企业仍然对移动网站的声效文件体量和格式要求十分苛刻，这是一种对新技术不了解而造成的保守态度，但就目前不少企业的技术而言，也并非没有道理。

声效要真想在移动端大放异彩，还需要经历一个沉淀的过程。

### （二）音效采集

专业的音效采集需要借助话筒、收声设备、声卡和专业的编辑软件，由于 H5 目前对音乐的体量限制，作为设计师的你借用录音笔和手机同样可以制作出可以在 H5 使用的声效，在每次录音前请选择安静的场景，录音前后最好预留 2 秒左右的静音，来方便后期合成，为了能够更好的和画面进行搭配，可以多录些你预想的效果。

特别是环境声，你很难搞清楚录制的素材是否能最后配上画面，所以要尽量多录制一些素材，而在录制环境声时，也尽量避免出现具体人声，一方面因为具体的人声会携带明确信息，干扰声音节奏；另一方面，当环境声循环使用时，整个环境会显得非常奇怪。

音效采样的基本技巧

尽量用耳机监听，对于专业录音师来说，这是必不可少的，虽然我们对音源的要求没那么高，但像是声量较轻的声音用耳机能识别得更清楚，可以听到更多细节，例如呼吸声、钟表声等。而且在后期制作时，你小心录下的杂音会被放大，如果用耳机监听，就可以避免这些问题。

### （三）音效采集技巧

当你录制完了需要的声音素材，然后把这些声音背靠背地和画面放在一起时，怎么就觉得有点别扭，声音特别假、又很枯燥呢？

这是因为，所有录制的声音都需要通过编辑后，才能重新融入画面。就像是你用 PS 修图做合成，想把另外一张图片合成到新的画面里，势必要添加适合这个场景的暗部与亮部，要重新调整色调等，而所有与画面搭配的声效，也同样需要加入不同的效果，来与画面达到匹配，这个步骤和做图片合成的道理是一样的，也是必不可少，下面我们列举出了最常用的合成方法。

**1. 淡入淡出**

**淡入：** 如果是背景声效，一般我们会加入 2 秒左右的淡入效果，它能让一段声效或者一段裁剪出来的声音有动态，带有开始渐起的感觉，这样就容易把用户带入画面，而对于具体的辅助声效，同样需要加入淡入效果，但要注意短、快的特征。当然，淡入的长短要根据具体声效来判定。

**淡出：** 背景音效在加入淡入后通常也要有淡出效果，要求与淡入类似，这样才能让一段音效完整，在循环播放时也会显得自然。自然界里有很多事物实际结束得很漫长，比如直升飞机的声音、汽车远去的声音，你给它加一个淡出效果，一切就自然而然地结束了，仿佛可以送它到无穷远，扫描下方二维码，我们为读者特别制作了一组声音效果，你可以通过实例来感受一个简单的带入、带出所带来的差异感受。

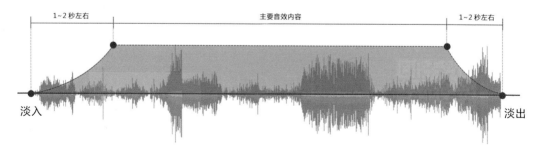

音效淡入、淡出示意图

扫描二维码 试听声效案例

## 2. 力度

　　不同的声量和力度得到的声音感觉是截然不同的，同样是关门声，猛烈和轻微的关门声都会引发不同的情绪；同样是呼吸声，急促的呼吸和缓慢的呼吸带动的情感也是截然不同的。在采集声音时，先考虑好你的画面需要什么样感觉的声效，而对于一个具体声效，我们可以用不同的声音处理方式带来完全不同的情感体验。

扫描二维码 试听声效案例

## 3. 空间感

　　画面可以通过设计获得纵深感，而音乐同样可以通过剪辑和编辑获得空间感，这里的空间感有两层含义，一个是物理世界的空间感，另外一个就是心理世界的空间感。

**物理层面**

最经典的例子就是警车，救护车鸣笛的声音，同一个强度的声音因距离与速度的变化能够让你感觉到强烈的空间距离，在后期合成时我们就可以利用淡入、淡出和速度快慢来制造空间感，为画面更好地服务。

远处的声音慢，近处的声音快，运动的音源基本都有这个特征，这个现象来源于物理世界的**多普勒效应**，而对该原理的进一步了解，会更有助于你理解声音的空间感。

**小提示：**

多普勒效应（Doppler effect）：为纪念物理学家克里斯琴·约翰·多普勒而得名，主要内容为物体辐射的波长因为波源和观测者的相对运动而产生变化。而体现在声音上，就是同样的一组音效，在运动的情况下距离越近声量越大、速度越快，距离越远声量越小、速度越慢。

同时，我可以在一段声音效果里人为地制造停顿和间隔，比如一个开门的动作包含开锁、开门和脚步声这3个因素，我只改变它们三者的间隔，就能暗示出不同的情感体验与距离感，详情你可以参看本书专门为读者设计的案例。

通过不同的声音间隙处理，你会得到不同的情感效果

■ 和图片一样，同样一支音效在不同的效果下，会给人不同的体验

### 心理层面

有时，好的情感体验是靠不同的录制方式得到的，近距离录制会有就在身边的感觉，远距离录制声音就会有遥远感、怀旧感，而同样是一首钢琴曲，干净的钢琴曲给人的感觉就是音乐本身，而如果这首曲子是通过留声机或者磁带播放器放出来的，那么它就会多一份不一样的体会，这非常有趣，也非常有助于我们利用在 H5 的设计上。

扫描二维码 试听声效案例

即便不方便录制这样的声音，在软件中，我们也已经能非常容易地加入不同的混音效果，它们能给音效创造出不同的声音体验。

本章节只是讲解了一些关于音效的入门知识，但对于设计师来说，它们对开阔视野与实践有着非常重要的作用，很多设计师对于音效设计的忽略甚至是自然而然的，经常随便弄下就交差了，完全没有辨别能力，也不知道如何去判断。

对于擅长做画面的设计师来说，他们缺乏综合感官意识，而这恰恰是 H5 的精髓所在！从现在开始尝试给你的 H5 加入音效和背景音吧。相信我，设计过音效的绝对和没有设计过音效的 H5 有巨大的体验差别，从现在就开始去做了！

本章节在最后为读者收录了一些搜集音效的素材网站和素材使用指南，通过扫描下方二维码链接就可以看到关于素材来源的分析文章。

**阅读延伸：**
**H5 音效素材参考库**

扫描右侧二维码 - 观看行业分析文章

# H5 的精品案例

在 2015~2016 年期间，中国的移动互联网出现了大量以 H5 为主要表现方式的移动端网站。可以说，它们用全新的体验方式改变了我们对网页和内容传播的认识。

为了让这本书能够真正成为读者的学习宝典，我在 2016 年期间，走访了北、上、广、深，拜访了在这个领域国内最优秀的众多设计团队。通过他们，我拿到了大量优秀案例的一手材料。在反复研究和对比之后，本书从这些材料中精选出了 7 个最有代表性的 H5 行业案例，它们不仅仅在设计上充满亮点，而且在内容上也都带有行业开荒的特征，这些案例值得我们反复学习和推敲，它们的表现形式会随着技术的发展过时，但是它们的设计方法却永远不朽。

# 精品案例\4.1

## 项目方和项目前期诉求

中国人习惯在年末聚餐，大家总会在这个时候聊一聊、聚一聚。 因此，大众点评启动了"年末聚餐 "的促销活动，当时大众点评希望做一个年底聚餐的大桌菜业务，这也是大众点评的常规推广项目，而内容强调年底消费者聚餐时，可以优选大众点评上面的特色商户，并提供直接的聚餐优惠服务。活动方式是你请朋友吃饭，当人数和金额达到一定条件，就可以获得折扣，甚至还可以得到免单，这是最初的项目诉求。

## 初期方案，以及方案思考过程

这样的项目诉求如果想引起意料中刷屏的话，在当时，套路也很简单，就是你把内容设计成转发H5，领取奖励或者优惠券。实际就是到了现在，这招还是很有效。而当时的行业现状却是，众电商社交平台仰望精英、迎合屌丝的传播特征越发的明显，电商品牌的推广底线也在节节退败。

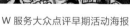

W 服务大众点评早期活动海报

W 服务大众点评早期 H5 作品

刚刚和大众点评达成深度合作的 W，就希望借助这次契机去做一个带有大众点评品牌形象的内容，希望让用户看到大众点评的品牌形象，让大家意识到大众点评是一个生活方式平台，意识到它是最懂中国人吃喝玩乐，具有中国人生活情趣的一款互联网产品，如果只是一味做促销，你和其他团购网又有何差别？所以，W 想从品牌的维度入手，去加入一些独有的品牌标签，让人们看到大众点评的不同，这个标签 W 想到的是：中国人的生活情趣。

那时正逢年关，而项目诉求又是请别人吃饭，所以 W 就从"中国人的生活情趣"联想到了"友谊"这个点。而当你去进一步挖掘友谊时，你会发现朋友与朋友间表达友谊最多的方式是沟通，而沟通最常用的方式就是讲话和聊天。特别是，我们对不熟悉的人总是千言万语，但又经常讲不清楚事情，而对特别好的朋友通常是没有废话，又能表意清晰，像是你会对朋友说："滚"、"说"、"快"、"想干嘛"、"你来不来吧"、"干不干吧"等，这些话也只有在熟人的沟通中才能听到。如果说我们对最好的朋友都是这样，那么话少到极致时，又会是什么？也许就是一个字。

而用一个字去表现人与人之间的友谊，这又好比找到了人与人之间最近的距离。当项目走到这里，大方向算是明确了，接下来就要考虑表现形式了，既然项目方向是一个彻底而纯粹的内容，那么表现形式自然也应与之照应。所以，W 设想出了只用一个字做主画面，页面下方保留对每个字文案解释的形式设定，就算是后期要加上什么特效，也要做到绝对的极简和不炫技，并且任何的添加都不能偏离这一个字的含义。

H5 中 9 个主画面字体平面效果图

也因为微信和微博传播分享一次最多只能发 9 张图，所以选择了数量为 9 的设定，但实际这个数字还是从相关字体、字形、字义上寻找最能代表友情价值的过程中得到的，它可以说是在表意与内容的实际传播上都较为合适。所以，W 最后选用了极尽简练的 9 个字，来传递最为丰富深厚的人际情感内涵。

## 项目具体执行过程

### （一）文案设计

文案可以说是 H5 最重要的部分，主画面被分别定为了：金、本、欠、梦、日、朋、拼、赞、聚这 9 个字，而每个字都配有一段解释。整个 H5 的题名和分享名一致，被设计为：**我们之间就一个字**。

朋友圈分享效果　　　　　　　　　　　微信群分享效果

作品的题名也和整个 H5 的立意方向、分屏内容、主题思想达成了高度一致，这是非常难能可贵的。另外，作品的文字设计有两个反常设定：第一是 H5 通篇文案全部采用难以辨认的繁体字；第二是每个分屏页面的描述文案都采用了极小的字号，小到眼神不好的人都看不见是什么字，这样反用户体验的设定究竟原因何在？

### 1. 繁体字的使用

实际中国人用简体字的历史很短，当时采用简体是为了书写方便。但真正兼顾了"象形"和"表意"的文字却是繁体字，而项目讲的就是中国人的友谊，自然要用最具中国特色的繁体字才能达到表达情愫的效果。在这一点上，团队始终在坚持自己的判断，即使面对很大的阻力。繁体字能给人带来更为熟悉的阅读体验，但有个前提，需要你愿意去看，想要去看。

"梦"的简体与繁体对比

### 2. 小字的使用

虽然 H5 是常规营销需求驱动的，并不是什么真正的艺术创作，但 W 还是想通过一个作品去颠覆并证明一个道理：只要文字内容足够好，再小的字，即便在手机屏幕里，还是会有人去细细阅读并广泛流传的。

这两个细节设定也可以说是创作者设计态度的最直观表现，下面本书摘录出了作品的全部文案内容，细细阅读，也许你会对作品本身有更为深刻的体会。

梦启者

說出來會被嘲笑的夢想，
才有實現的價值，
而聽見後從不嘲笑你的人，
才是最懂你的知音。
也許夢想早被包裝成
最庸俗的廣告與欲望，
但仍想謝謝你，
黑暗中幫我點亮它的朋友。

H5 内置的繁体版文字描述（节选）

〈 我们之间就一个字 〉

人与人的情份，言之不尽，感之不弭，不如一字以道之
·

**金**

金不换: 急功近利的年月，人人忙作表面文章，又凭何证明真情可待。
攀名富贵者只能看到你的过去与现在，唯有慧眼衷心的友人，才千金不换地相信，黯如顽石的你，迟早会发光。
·

**本**

本能心: 你摇身一变，我判若两人。你今非昔比，我换骨脱胎。
时光与机遇只将我们改头换面，但所谓朋友，不就是清楚你所有改变，更了解你所有不变。
把你根本看透了，还愿与你相处的人吗？

## 欠

欠难解: 朋友之间别谈钱,这是我们心知肚明的底线。

可只有真朋友,才会抢在你启齿之前,先于你伸手之际,比你还急着解你的燃眉之急。

越过这条线,那连本带利还不完的,永远是情义。

## 梦

梦启者: 说出来会被嘲笑的梦想,才有实现的价值,而听见后从不嘲笑你的人,才是最懂你的知音。

也许梦想早被包装成最庸俗的广告与欲望,但仍想谢谢你,黑暗中帮我点亮他的朋友。

·

## 日

日照心: 艳阳高照的大路上,从来不缺同行客。风雨患难的小路上,向来难寻追随者。

这些年,那些阳光照不到,却依旧能感到温暖的地方,正是你陪我,走过每一条路。

## 朋

朋配友: 陪我喜怒哀乐,疯癫痴狂。陪我兴衰荣辱,起落浮沉。

多年来心甘情愿做我的绿叶、垃圾桶、电灯泡、顾问团、救火队……

心里早就明白: 你我都是各自人生的主演,可是难舍的并非舞台,而是一辈子陪我配戏的你。

·

## 拼

拼变形: 吃饭你没空,唱k你加班,电话接通永远在开会……你把忙写在脸上,让每个人见了都敬而远之。

大家都等着看你能否拼出一个未来,而死党们更在意你拼出了富贵荣华,还能否变回原来。

·

## 赞

赞无用: 你一边抱怨自己没朋友,一边又为朋友圈多出的每个赞积极回应,

心里却念着那个从不点赞,只对你直言嬉骂的家伙。

当她吼出: 只有我能骂你,其他人都不准时,这样的损友,赞再多也不够。

·

## 聚

聚一聚: 说了这么多,念了这么久。

每到岁末年初,还是会想起那些走远的,走散的,说见就能见的,和或许很难再见的朋友们。

⌄

文案 \ W 上海创始人 - 李三水

### （二）文字／动效视觉设计

因为作品的核心为文案导向，所以要求所有的视觉、动画设计都应符合文案的意境与内涵。H5 采用了旧纸张作为画面背景，这样能够突出文字的意境，并且在最小程度利用纸张的纹理来丰富页面的细节。

而字体设计的初衷是希望能体现中国人的传统情结，所以选用了宋体为基础来重新设计创作，让文字能保留古朴的特征，同时又有一定的现代感。

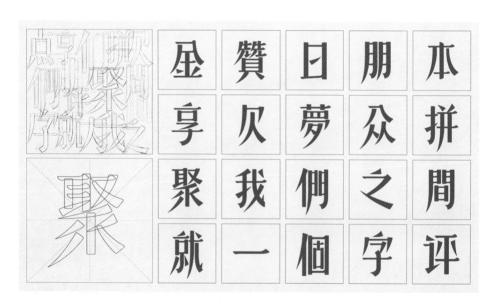

H5 字体设计全图

而围绕每个分屏主画面的字体动效设计也遵循了两个原则，第一个原则就是要绝对的简单，甚至简单到两个动作就能让人看懂含义，这对于设计师来说也是一件好事，因为设计师的工作量小了，但是思考的时间却多了，尤其是对那些能力较强的设计师来说，它能够让你有更多的时间去把一个简单的东西做得更为精细和深入。

H5 第 9 个字"聚"字的序列帧动画部分帧的分屏图

第二个原则就是所有的字体动效一定要和字本身的含义有较强的关联性，通过最终 H5 的页面效果大家也肯定都体会到这一点了，尤其是第 9 个字"聚"，在点击触发后笔画会分散，然后在新的触发后笔画又会重新聚合，这样的动效设计，可以说是对字意本身最好的理解和辅助。而整个 H5 的动画实现方式是通过序列帧动画实现的，9 个字的动效都是采用的这种实现方式。在 2015 年初，这种实现方式还比较少见，在当时给人带来了非常大的新鲜感，直到 2016 年底，我们再打开这个作品时，依然能被它所触动，即使 H5 的表现方式不再惊艳了，但因为作品突出的气质使它依然能流传至今。

动画设计在这个作品中最为关键的作用就是，帮助用户更好地去理解字意。

最后，在视觉设计上，作品还有一些小的细节非常巧妙，H5 的加载图标、分享提示、声效按钮也同样采用了宋体字的设计，与作品的主题和调性保持了一致，在最后分享按钮的文案上也极为用心，把分享重新解释为"我想你了！"，这样的设计确实能够让人有一丝丝的情感回味。

| Loading 加载设计 | 声效按钮 | 分享、跳转按钮 | 分享提示文案 |

可以说从 H5 的第一页到最后一页，它的每个字、每张图、每段动画都牢牢地紧扣主题，并且没有多余的部分，这也是作品让人印象深刻的一个重要原因。

## （三）音效设计

从情感的思考来说，我们最初开始反思，人会在什么情况下去思考友谊的意义？在脑海游荡了许久之后，一段在深夜里都是鸟叫的丛林画面就出现了，它来自一些我们曾经接触听过的音乐片段。但仔细想想，也只有在极为安静的环境下，人才会有心境去思考一些事情，而表现开阔和幽静空间最合适的音效，也许就是一段户外的噪声，因为它能凸显安静本身。在这个思路上，W 的音乐部创作了这段 H5 的背景音效。

而从技术上来说，这段声音的呈现方式是双音轨，背景音轨是野外的环境声，前奏音轨是缓慢的钢琴曲，这样的搭配，在体验上给你一粗一细，一松一紧的感觉。

声音在物理感知层面给人一种感受上的强对比。虽然音效动态较低，但是在心理层面给人营造出了强反差，甚至能让人的情绪产生波动。而慢节奏的钢琴曲为了搭配整个 H5 的调性，也进行了做旧处理，整个背景音效虽然非常简单，但是内容细节又极为丰富，可以说和"一个字"的主题有较好的呼应。

MP3 文件（主音效全长 93 秒）

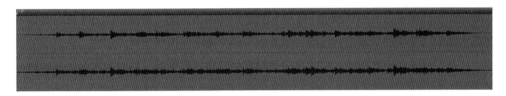

在 GarageBand 获得的音效信息，从音轨看，声效动态较低，无大起伏，但音效给人的心理层面起伏较大

而 H5 每屏的分页也都添加了一组互动声效，当你点击文字主画面时会有开启声效，声音会随着动画的播放被触发，再一次点击会有关闭声效，声音会随着动画的结束而触发。它们起到的是增强内容体验的作用，让用户的触发动画更有真实感。

| | |
|---|---|
| page_5_reverse.mp3 | page_1.mp3 |
| page_6.mp3 | page_1_reverse.mp3 |
| page_6_reverse.mp3 | page_2.mp3 |
| page_7.mp3 | page_2_reverse.mp3 |
| page_7_reverse.mp3 | page_3.mp3 |
| page_8.mp3 | page_3_reverse.mp3 |
| page_8_reverse.mp3 | page_4.mp3 |
| share.mp3 | page_4_reverse.mp3 |
| share_reverse.mp3 | page_5.mp3 |

H5 辅助音效文件列表，18 支音效总体量为 529KB，均为 .MP3 格式

辅助声效在 H5 一共有 18 支（每屏两支），单体声效体量在 9KB~58KB 之间，而总体量控制在了 529KB，这样的专业性与细致程度可以说是 2015 年年初 H5 行业的极高水准了，即使到了今天，很多 H5 页面也做不到这么细致和多样。

## 项目遇到的困难

项目推进最大的困难是客户不买单，虽然客户很认同作品的立意和表现方式，但是他们很难接受这么多的屏数，客户担心内容过多（当时有建议精简到 4 个字）、字体太小（担心没人阅读）、H5 内容和业务推广关联度不大，而且之前没有人这么想过和做过，这必定违背了常规用户体验设计的经验。

但是在这个问题上 W 又非常坚持甚至是固执。也因此，在项目方案上争吵了很多次，但好在客户最终还是给予了团队信任并放了权，使得作品能够以最初设计的面貌上线。而大众点评的这份信任成就了这个作品最后骄人的成绩。

## 项目上线的反响

H5 自 2015 年 1 月上线直到现在，它掀起的波澜可以说超出了所有人的预计，它是第一个真正意义上品牌类 H5 的现象级作品，也是唯一一个能够引领起全民互联网话题事件的 H5 作品，它造成了上百家品牌对内容本身的模仿与跟风，甚至成为了中学语文考试题目，成为了众多网友文字创作通用的描述形式。这个现象级作品的出现甚至能够代表 H5 现象本身，它的影响力已经不能单纯用流量来评估了。在天时、地利、人和的共同作用下，"一个字"最终成为了营销类 H5 的重要里程碑，也自作品上线之后，H5 营销行业开启了"暴走模式"！

而能够在本书去细致地分析这个作品，可以说也是笔者我个人的荣幸。下面这段短片是该作品的海外版宣传视频，它用图形的方式很好地概括了本节的所有内容。

阅读延伸：
**H5 作品"我们之间就一个字"国际版宣传短片**
扫描右侧二维码—观看行业分析文章

从内容的维度上来看，作品不跟热点，但却反成热点；作品采用反用户体验的创作形式，却反成为了更受欢迎的内容。可以说，创作者在当时完全是站在了更高的维度去思考问题本身，而它恰到好处地传达出了"人人心中之所有，人人笔下之所无"的内容境界，借助 H5 的第一股暖风，"我们之间就一个字"，让更多人喜欢上了这种新颖的互动网站。

## 项目经验总结

这个案例表面上看是美术起到了重要作品，但当你进一步挖掘时，却发现是因为文案让这个作品最终声名远扬，它让我们反思，再炫目的美术和视觉都有被超越的那一天，而优秀的文学作品或者文字，不管经历了多少年，依旧能够打动我们的心灵，永远让我们去回味。

同时，比创意分享更有效的模式被我们发现了，它叫做"分享主"，一支作品真正的刷屏不是人人都在转发，而是人人都在评论，它让你由衷地愿意去写帖子、去跟风、去模仿、去愿意去把它记录下来。这样的刷屏也才是真的刷了屏，而其参与者都是"分享主"。

W 在随后的众多项目中印证了这个在当时的判断，你随手转发出去的东西并不会让人真正的记忆深刻，而能够愿意让你参与其中的作品才会让你记忆深刻，这才是互联网营销的真正价值所在。关于"分享主"的内容，在下一章节的专访中，本书还会详细讲解。

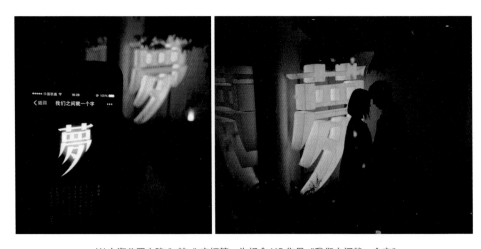

W 上海公司内院" 梦 "字灯箱，为纪念 H5 作品"我们之间就一个字"

最后，笔者想说的是，看到"快餐文化"的日益激进，短视频、H5 等同属性作品让人眼花缭乱的时候，"我们之间就一个字"像一剂强心剂，用传播的效果，展现的结果，以及无数媒体和同行的评论，传递出一个非常重要的信息："如今还是有很多人是愿意沉下心去阅读你的文字的"，这甚至变成了一种真实的需求，而这一点十分的关键。

项目需求客户：大众点评

项目创意 / 执行团队：W 上海

本文编辑：小呆 & 李三水（W 创始人）

# 精品案例\4.2

[ H5精品案例 ]

## "梦幻H5" 三分钟带你建个 H5 网站

| 上线时间：**2015年4月** | 项目甲方：**LPI** | 执行团队：**LPi** |

扫描二维码 观看精品案例

## 项目方和项目前期诉求

　　LPI 从 2012 年就开始做 H5 相关项目了，对 H5 的涉足在营销行业是非常早的。直到 2015 年时，突然发现在和客户沟通时，开始频繁出现 H5 需求，很多客户拿起电话上来就是："你们是做 H5 的公司吗？你们做一个 H5 多少钱？你们做过 H5 吗？"

　　当时特别纳闷，好像大家都认为 H5 就能代表一切了，互联网营销这么多玩法好像除了 H5 就再没其他东西了。H5 我们接触很久了，对它还算熟悉，它有多大能耐我们心里也有数，但客户刚接触，他们就觉得这是花小钱办大事儿，做一个 H5 能自传播，KPI 会特别漂亮。

但他们并没考虑到，整个 H5 类网站的营销体系还不成熟，配套的话题、媒介、制作也都还不够完善，而且不是说什么品牌都适合做 H5。太多品牌由于对 H5 形势本身的盲目追求，造成了一大波对品牌自身和用户都不负责任的作品上线，有些作品甚至伤害到了品牌自身形象，伤害到了用户。

难道真的做支 H5 就能解决一切问题了？难道互联网营销除了 H5，就再没别的东西了？面对现状，我们越想越困惑。正巧，当时听了首歌，叫《梦幻照相机》，歌词特别狠！大意是说：所有女孩都在用美颜相机，用了美颜相机之后就都变好看了，全都是大美女了！

《梦幻照相机》专辑封面（MC HotDog）

当时突然就有了一种十分真实的代入感。这不就是在讲互联网营销么，这不就是在讲 H5 吗？在这个前提下，LPI 就有了做 MV 的想法，而这个 MV 我们希望能够用 H5 的形式来表现，讲的内容也将是当下的 H5 现状。作为自发项目，我们希望能够让更多人有一些反思，大家是不是在这个领域太偏执了，或者说太盲目了？

## 初期方案，以及方案思考过程

项目最初方向是非常清晰的，我们希望做一支 MV 形式的 H5 网站，而且整个网站讲的就是移动端网站的事情。

　　就在当时（2015 年 4 月），国内还没有 MV 形式的移动端网站，我们虽然要做，也并不清楚最后能做成什么样子，所以就先从具体的内容开始着手了。

## （一）歌词设计

　　首先第一步就是对歌词的再创造，结合行业现状，和一直以来和不少甲方过招的经历，我们重新设计了一套歌词：

原来市场上真的没有病毒传播器　　但是有一种 H5 网站
有了这种 H5 网站　　一切就像是一场梦一样
产品变漂亮了　　口碑好了　　市场热了　　故事就这样开始了

她活在梦幻里　　没有她就不广告必须是 H5
每个 Q 都提起她　　他们共患难
她成为更美好的品牌　　看这多浪漫　　她笑得多灿烂　　彰显她特别能干
普通用户是否看到　　她才懒得去管
她觉得口碑好正反馈好赞　　没拿到亮金色的限量铅笔她好恨
再烂的产品也变神　　不管有没人问　　活在 H5 的世界像是变了一个人
郎才女貌　　你是大牌我是 4A　　最后豺狼虎豹　　发现我是 LOCAL 你是骗子
别叫她骗子她是魔术师　　没有移动传播要怎么度日　　要怎么用情怀说故事
走个心就想要刷屏到死　　装 X 是活动的开始

（副歌部分）
我们建个站　　客户我们一起建个站
移动的交互它好完美超有效　　把品牌都忘掉　　拿出你的预算
我们建个站　　客户我们一起建个站
移动的交互它好完美超有效　　把品牌都忘掉　　拿出你的预算

梦幻的移动端　　客户们人人都想要 H5 网站
Google FB 做的是移动端　　是传说中的梦幻 H5 网站
假大牌也做着移动端　　一定要让她的传播无懈可击
两万八而已　　不做真的可惜
网站一个个　　没有访问看起来一点也不紧张

Forever Qiang 也许是她向往　她感觉形象不一样
可惜的是他们再也听不到　"你产品比广告牛 X 多了"
像是变了个牌子似的金蝉脱壳　说着说着朋友圈里怎么又
有网友在说了　打不开好慢我很着急你知道吗
产品跟广告差太多是谁砸了锅　那玄妙的假象网友说你下回别推我　别推我
还有千千万万个我　微博微信　请你救救我屏蔽我

（副歌部分）

我们建个站　客户我们一起建个站
移动的交互它好完美超有效　把品牌都忘掉　拿出你的预算
我们建个站　客户我们一起建个站
移动的交互它好完美超有效　把品牌都忘掉　拿出你的预算

一坨又一坨差不多的概念　你是否遗忘了专属于你品牌的那些
打开网站看了你半天　调性天天变
装 X 就装 X　你又何必喊冤
想要高端那不是罪　就像哪个客户不自恋
是同个团队整出来的么　真不是滋味
数字营销是花的姿态　一个 H5 想要解决一切是想得太怪
有人唉又怎么样　市场已经变成这个 X 样　拜托你千万别再是一个样
我们爱的是你的产品　它独一无二牛 X 就是美　这感觉移动网站做不出来

想法想法想法　技术技术技术　交互交互交互　怎么都是一条路
H5　H5　H5　朋友圈里都是　不求品牌形象怎样　但求同个样子

（副歌部分）

我们建个站　客户我们一起建个站
移动的交互它好完美超有效　把品牌都忘掉　拿出你的预算
我们建个站　客户我们一起建个站
移动的交互它好完美超有效　把品牌都忘掉　拿出你的预算

歌词全文展示
文案 \ LPI（良品互动）创始人 Spens

## （二）音乐设计

在当时，这首歌非常的新，我们很难找到现成的音轨或者伴奏来使用。所以找到专业音乐人以原曲作为参考，重新制作了这首歌的伴奏，而伴奏的制作过程更偏向音乐工程层面，在这里就不细致分析了。如果你想做类似音乐题材的 H5，建议通过专业的伴奏门户网站获得伴奏，否则就只能找音乐人来帮你实现了。

MP3 文件（音效全长 3.57 分钟）

在 GarageBand 获得的音效信息，从音轨来看，声音节奏没有太强的动态，看上去就像是一组人声

## （三）视觉层面

在考虑到如何表现 MV 视觉时，传统做法就是通过视频、动画、特效等方式来展现，整个过程需要拍摄、画分镜，会很复杂，成本也会比较高。同时，和传统 MV 制作不同，H5 网站又会有新的挑战：

1. 整个 H5 的体量不可以太大，否则加载会非常卡顿；
2. 传统 MV 非常长，如果把 H5 也按 MV 的长度来做，很难保证用户不会大量跳出。

面对问题，最后我们选择利用插画来表现 H5 的画面，同时又舍弃了过于复杂的视觉效果，并且选用了像 canvas 和 JavaScript 这样的动画方式来表现，这样可以减少体量，也会让视觉显得比较友好，不会那么显眼和炫酷，在长时间的体验上，不会造成审美疲劳。

我们完全有能力把画面做的很炫酷，但长时间的观看也许会是一场灾难，人们会很快感到视觉疲劳，在兼顾了体验和题材特性之后，我们选择了 canvas 动画 + 插画的视觉表现形式。

## 具体执行经过

### 视觉设计

首先是画面风格，我们要用一个什么样子的风格呢？这首歌是美式说唱，自然在画面风格上要照应音乐的特征，然后我们发现美国东岸和西岸的说唱画风相对比较硬朗，带有很强烈的黑人文化。

台湾歌手 MC Hotdog

黑人歌手 JAY-Z

黑人歌手 50cent

　　在这个前提下，我们把整个H5的画面定位为**贴合嘻哈文化的美漫风格**，而在这个过程中，插画师参考了很多素材，也在初稿的基础上做了很多修改。你会发现整个画面最后会显得比较硬，尤其是大沙皮狗的画风就特别有黑人的感觉。

梦幻 H5 手绘草图

　　决定用 canvas 表现之后，要先做出一些关键帧，需要一些主要形象，这首歌强调的内容是：乙方服务、甲方愿景，而副歌部分在讲"甲方我们一起建个站"，整首歌的一半都在讲甲方的一些遭遇与想法。那么动画内容就需要甲方和乙方的主形象，用什么形象合适呢？

　　我们做服务行业那么久，大家在描述上都特别喜欢称呼自己是某种狗，像广告狗、公关狗，类似称呼在行业特别普遍，一提到某某狗，同行也会比较有认同感。

　　所以在形象设计上，就把甲方和乙方设计成了两只气质不同的大狗，通过它们的着装你就可以分辨出来。乙方这条狗比较魁梧和凶悍，看上去很威武，给人的感觉是强壮、凶狠。
而甲方这条狗看上去很弱小，但是它拿着金灿灿的骨头，表现它很有话语权，是真正的主人。

梦幻 H5 乙方形象　　　　　　　　　梦幻 H5 甲方形象

有了主形象之后，就可以根据视觉风格然后参照歌词，去继续创作一些视觉元素了，而
通过分析，你会发现每个画面辅助元素的创作都是有一定思考的，并不是随手画来的图案，
它们都包含了一些或明或暗的比喻。

梦幻 H5 的一段有趣的过程稿，最终项目没有采用

永远最 X 逼的意义

谁都做H5，谁都来做H5

分享提示

加载缓慢的意思

2.8万，一个价钱讽刺

我不想看了，你离我远点

称赞、点赞

打开按钮

作品刷屏了

借用了ONE SHOW奖杯的形象
表示部分人只追求名利、不追求体验

非常多的预算

有了H5，你什么都有了！

看到滥大街的H5后，苦恼的程序员

玛丽莲·梦露点赞
代表非常非常非常的有品位！

D代表Digital
是数字营销的意思

没有想法，没有概念

豺狼的形象

大狗的调侃形象

另外，还有一个比较有趣的点是，整个 H5 设计了 3 个不同背景的动态画面，你每次打开 H5 时都会随机出现，包括 H5 在播放时，背景画面也是随机播放的，这个设计是希望用户在每次体验时的感受会不一样。

梦幻 H5 会变化的背景画面

H5 并不是传统 MV 采用的固定画面，而背景动态图形却采用了常规 MV 中的一些动态效果，像是波点、波浪、连续图形等，不是随便找的视觉元素，而是经历过一定思考和取舍的。

## 项目执行中遇到的问题

习惯上来说，画面肯定是做的越炫酷越好，MV 本身就应该有花哨感觉，也能体现出制作水准，但是就这个作品而言，它真的太长了，你想要 MV 的感觉，又不能去舍弃它的长度，那么在视觉上就不能让人太早疲劳掉，而太过于花哨的画面会增加 H5 的体积，面对这个问题，我们还是选择了舍弃很多效果，把体验放在首位。

同时，因为这个 H5 是自发项目，在资源调配上，就没用最好的阵容，整个作品的水准还是会显得有些稚嫩，开始执行项目时还是会担心作品质量。

但最后这支有些稚嫩的 H5 给人的第一感觉还挺好，反而因为少了一些固有的商业俗气，让人觉得挺新鲜，它并不是一个要卖药的营销广告，而是从业者对这个行业的真实反思。做 H5 也是想图个好玩、有趣，从这个需求来说，项目的目标肯定达到了。

## 项目上线的反响

H5 并没有特意推广，只是靠自传播，但反响出乎意料，先是刷屏了朋友圈，很多人都在转发、分享；然后是很多媒体和自媒体也在推。在 2015 年年终，这个 H5 还被很多门户列入了年度 10 大 H5 的行列，能够感觉到大家很认可这个作品。

而在这个网站上线后很长一段时间，我们每天都会接到各种电话，他们都是因为看了"梦幻 H5"来找的 LPI，真是始料未及。不过，当你拿起电话时，听到的还是那一套：你们能做 H5 吗？你们做一个 H5 多少钱？你们做过多少个 H5？

特别逗的是，还有不少人直接就问，你们做这个 H5 真的是 2 万 8 一个吗？（因为歌词里有"2 万 8 做一个 H5"。）你做了一个嘲讽，反而吸引来了更多想做 H5 的人，这也可以说是广告人的尴尬。

而作品出来后，给团队也带来了另一个层面的反思，有可能音乐人真的可以借助 H5 的形式来制作自己的 MV，它可以自传播、可以走推广和投放环节、可以在短期内获得极高的扩散效果、可以不依赖视频、不依赖门户网站，实现更简单，成本又更低！

我们当时就觉得，如果有一首正火的神曲，搭配上一些合适的动画，利用 H5 去展现，然后你把它放到朋友圈，一定能获得不错的传播效果。

然而，时隔一年后的 2016 年 7 月，腾讯"穿越故宫来找你"的火爆也正式应验了我们一年多前的预估，而且在整个 2016 年的 7–10 月份，各种神曲类的 H5 开始蜂拥而至，可能有不少创作者并不知道，LPI 在 2015 年就已经做了"梦幻 H5"，而作品内的种种预言，也全部都应验了！下图为其他品牌同类型案例。

大众点评 - 阿惠 1　　　腾讯 - 穿越故宫来看你　　　滴滴 - 费玉清音乐 H5　　　腾讯 -2017 天降红包歌剧

## 项目经验总结

这个 H5 在当时的成绩还不错，但我们也很清楚，如果能够再加入一些交互的话，它将会更有趣。然而，可交互 H5 形式的 MV 是不是会让音乐行业看到更多未来呢？这是非常值得思考的事情，也许在几年后就发生了，也许还要更久！

而这样的一支作品是不是真正的能让甲方和乙方有更多反思，就从我们能接触到的人和事儿来说，也仅仅只能起到一时的警醒作用，很难真的再改变些什么，甚至别人会觉得这个营销自己的点子不错，不少甲方会希望我们来做个差不多的。

不追求形式，而去思考内容是非常重要的，也是非常难的，但因为怕了麻烦和图省事儿而不去做创新的话，很难会看到精彩的作品出现，就像是"梦幻H5"，它的效果和表现形式很快就会被更酷、更炫的其他形式所取代，而它的内容和思考却是不会过时的，虽然项目上线已经很久了，但是即使你再重新看这个作品，你还是能会心一笑。

项目需求客户：良品互动（LPI）
项目创意＼执行团队：良品互动（LPI）
本文编辑：小呆 &（LPI 创始人）Spens

# 精品案例\4.3

## 项目方和项目前期诉求

电影《鬼吹灯——寻龙诀》曾一度被认为是 2015 年最值得期待的华语贺岁大片，影片最后获得了 16.82 亿票房，也同时刷新了该类型影片的新纪录。

而早在 2015 年年初，《鬼吹灯——寻龙诀》的制片方就找到亚实验室，希望在电影前期宣传中，能够通过全新数字化营销，为电影带来完全不同的营销体验。而出于对主创团队的信任，制片方并未对项目的创作方向提出太多的限制，但是项目的需求却非常明确，制片方希望亚实验室能够产出与以往电影营销完全不同的内容，他们希望借助全新的移动科技，为电影的宣传带来焕然一新的体验。

探索电影

电影鬼吹灯之寻龙诀

根据中国最畅销探墓小说鬼吹灯改编

2015年华语3D电影顶级巨制

正宗摸金范、夜奇鬼吹灯

向下滚动

■ 电影《鬼吹灯——寻龙诀》上映前的官网首页画面

## 初期方案，以及方案思考过程

　　《鬼吹灯》自 2006 年开始在互联网上连载以来，在近十年之间已经成为了国内最受欢迎的奇幻小说，用今天的互联网语言来说，它是一个巨大的 IP，拥有着不同年龄段的众多粉丝。

　　而在国外，不管是曾经的《指环王》、《纳尼亚传奇》，还是最近大热的《饥饿游戏》、《星际穿越》，它们都有着极为立体化的分支内容，像是玩具、周边、模型、电子游戏、主题乐园、移动应用等等。

　　虽然国内目前还没有如此完善的工业体系来支撑电影产业，但是借助移动互联网热潮，我们确实可以在这个维度上做出一些突破。很快，团队就意识到，我们可以去制作一个专属于电影的 APP 游戏，在手机移动端领域中做一次数字化尝试，而在 APP 上线前期，利用 H5 去做电影内容的曝光与铺垫，同时借助 H5 引流，为 APP 游戏带来用户，以不同于以往的方式来曝光新片《鬼吹灯——寻龙诀》。这个在国内还没有先例，但是我们率先提出了这个想法。

　　而这套为电影定制的移动端整合营销策略，很快就得到了片方的认可。于是，我们就得到了一个内容推广计划：**从 H5 到 APP 游戏再到新片上映**。而本书将会重点为你分析的则是这套系列 H5 中的第一支，也是系列 H5 中最受欢迎的一支："一起来寻龙摸金，活蒸大粽子"。

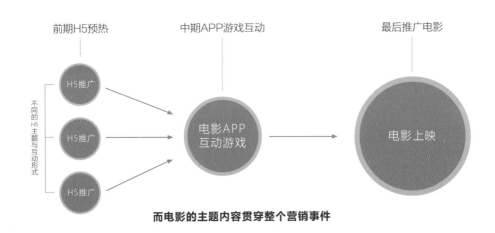

**而电影的主题内容贯穿整个营销事件**

## H5方案的具体思考过程

　　在端午节期间，我们打算做第一支 H5。熟悉《鬼吹灯》的朋友都比较清楚，在小说的描述中，"粽子"是一句在盗墓中流传的暗语，就像是山里的土匪喊话，他们不会讲普通话或大白话，而是会用一套专业暗语，比如带兵打仗的叫"炮头"，掌军需后勤的称"粮台"，军师叫"搬舵"，负责内部安全的叫"水香"等等（东北匪暗语）。而在《鬼吹灯》的盗墓者中，"粽子"一般暗指墓里面的僵尸。

　　粽子碰巧又是端午节的传统食物，这也是我们想在节日做 H5 的原因，算是个非常好的切入点。如果说能够把节日期间人们蒸粽子的民俗和小说中"僵尸粽子"的暗语联系在 H5

中的话，那这么个"僵尸粽子"肯定会比较有趣，外行人能看热闹，内行人又可以看到门道，并且内容又和节日息息相关。在经历了一番发散和思考之后，我们得到了"活蒸大粽子"这个 H5 互动小游戏的方案，具体原型图如下：

H5 游戏交互原型图（草稿图）

H5 游戏主视觉草图

你会发现这套原型图简单到了粗野的地步，由于多数广告行业的互动公司没有交互设计师这个职位，而且从事相关行业的设计师又普遍通晓多种技能，如果没有客户提案和同事对接需求的话，通常原型图只要自己能够看懂就可以了，所以在表现上会非常简单。

## 具体执行经过

### （一）视觉设计

这是系列作品的第一支 H5，所以整套作品的视觉风格需要提前预设，因为创作需要，我们在设计过程中就接触到一些内部资料。比如电影里辽代公主所在的彼岸花的棺椁，其实是一个大型的复古机械设备，电影中的一些场景、主角的设备都和机械装置关系比较大，而复古机械的经典美术形式，让我们想到了**蒸汽朋克**（Steam Punk），像是游戏《机械迷城》，电影《哈尔的移动城堡》（Howl's Moving Castle）都属于这个领域的代表作品。

游戏 - 机械迷城截图　　　　　　　　　　　　　　电影 - 哈尔的移动城堡

但在考虑到整体风格时，还是做出了一些调整，寻龙诀的内容应该更加中式，这更符合电影应有的气质。为了更好地描述内容，我们还参考了导演和监制的其他作品，去尝试和他

> **小提示：**
>
> 蒸汽朋克（Steam Punk）：由蒸汽 steam、朋克 punk 两个词组成，蒸汽代表以蒸汽机为动力的大型机械，朋克则是一种边缘文化。蒸汽朋克的作品依靠某种假设的新技术，如通过新能源、新机械工具等方式，往往会展现一个平行于 19 世纪西方世界的架空世界观。

们想表达的视觉方向契合。而你最后看到的视觉形象则是结合了**蒸汽朋克 + 小说情景（中式风格）+ 影片主创团队特征** 综合而来的。

　　就具体内容来说，僵尸的形象太过恐怖，显然不适合直接拿来使用。设计时，我们尝试把僵尸和粽子做了结合，设计成了"僵尸粽子"的形象。而《子不语》里曾经提到过僵尸的形态特征，每种僵尸的形态与颜色都有不同，也借鉴了这个点，团队创作出了不同颜色偏可爱的小粽子僵尸。

僵尸一般太过于恐怖　　　　　　粽子很难让人联想到僵尸　　　　　　　粽子僵尸

　　清代米原康正 —— 德艺双馨的袁枚老先生在《子不语》中对僵尸做了一些分类，书中把僵尸分为了："紫僵、白僵、绿僵、毛僵、飞僵、游尸、伏尸、不化骨"这8大类，而作品中选取了其中5个形象，并配套设计了对应的5个粽子僵尸形象。

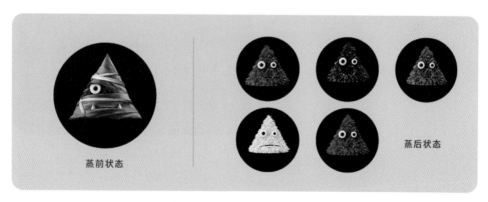

蒸前状态　　　　　　　　　　　　　　　　　　　　　　蒸后状态

粽子僵尸蒸前与蒸后的形象设计图

## （二）文案设计

这个 H5 的文案思路并不标新立异，走的是偏传统的路子，而文案也主要由**主标题**和**描述引言**组成。文案的设置力求简洁，尽可能地让受众尽快地参与到体验上来，不采用无意义的长篇大论。

H5 标题为：**一起来寻龙摸金，活蒸大粽子吧！**

体验后，分享出去的标题为：**我刚刚活蒸了一只 XX 僵，一起来寻龙摸金，活蒸大粽子吧！**

朋友圈分享效果　　　　　　　　　微信群分享效果

而描述内容在 H5 的首页，起到引言作用。

内容取自《子不语》的一段描述，算是关于僵尸的科普知识，为了让作品的设计都有理可依，不同颜色的毛粽子早在《子不语》里有了记载，所以借鉴了这一点。

H5 作品引言的页面截图

## （三）动效与交互设计

这个H5在动效的使用上，非常好地沿用了之前章节所讲到的电影式节奏叙述，整个内容的高潮点被安排在了H5的最后部分，情节节奏是典型的低起高收，而且整个体验过程不拖沓，不纠结，有着短、频、快的特性。

第一屏引言内容的闪烁动效在之前案例中已经提到过了，它能够起到很好的氛围烘托作用，而主屏（第二屏）也同样用到了闪烁类动效，为画面增添了细节，并渲染整体气氛。

为更好地模拟蒸汽机蒸粽子的过程，主屏的蒸台模拟出了一种抖动的动态效果，就好像是一直在被蒸汽熏着，上下起伏。为了更好地表现"蒸"的这个过程，这里有3个细节值得我们注意：

① 点击后会不断涌出的蒸汽；

② 粽子被蒸汽熏后会改变形态的外貌；

③ 粽子背后会逐渐亮起灯（进度条），当一排灯都亮起时，蒸粽子也就完成了。

这3个细节分别交代了外在环境、主体变化、时间进度。仔细思考后，你会发现这是一个非常简练而且精准的动效表现，少一点会变得不丰富，而多一点又没有太大意义。而被蒸熟的僵尸粽子每支都会跳不同的舞蹈，这是一个非常有趣的设计，也是作品的收尾环节。

这个H5所采用的动效实现方式并不是植入视频，而是帧动画的形式，尤其是主屏幕的蒸台，采用了比较复杂的重叠层，就是为了创造更好的视觉效果。

H5 loading 的帧动画分帧，一共6个分帧

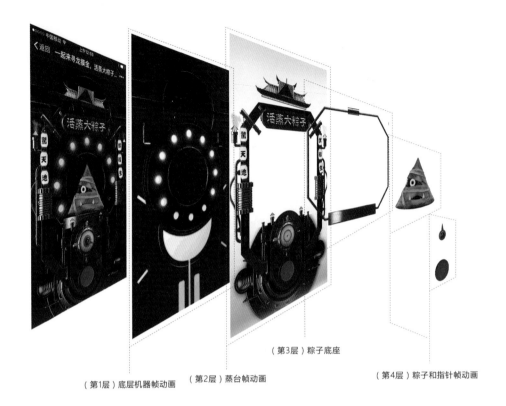

（第3层）粽子底座

（第1层）底层机器帧动画　　　（第2层）蒸台帧动画　　　　　　　　　　　（第4层）粽子和指针帧动画

## 交互设计：

整个 H5 的交互虽然比较简单，但在当时，还是非常少见的一种交互方式，通过你的点击来触发蒸汽机喷气，而在进度条和指针可以看到续力的过程，当力量续满时，完成游戏！

在设计这个 H5 时，遵循的原则就是：好的交互一定简单，最好是 Don't make me think。现在很多 H5 看似花哨、炫酷，但因为太过冗长，普通人顶多看一会儿，厌烦了，就关掉了。

整个作品内置了大量粽子分帧 PNG 图，这里仅仅是演示动画构成原理

### （四）音效设计

这个 H5 的背景音效，主要采用的是环境类音效，而背景音效主要采用了 3 段：**机器运作的杂音、僵尸的舞曲、部分电影声效。**

蒸汽机运行杂音　　　　　僵尸舞曲　　　　　电影原声

扫描二维码 听声效演示

而细碎的点击、蒸汽的不同强度也都配有具体声效，也因为背景声效与交互、内容声效的完整与立体，使得这个 H5 的表现力获得了加强，如果去掉任何一组声音效果，H5 的体验都将会大打折扣。

《寻龙诀》电影音效end.ogg
250KB

机器杂音（前言）bg_effect.ogg
60KB

机器杂音（主画面）bg.ogg
73KB

僵尸叫声音效scare.ogg
19KB

僵尸舞曲dance.ogg
191KB

喷蒸汽声音效steam.ogg
12KB

蒸汽机操作声效btn.ogg
12KB

蒸汽机声explode.ogg
24KB

但值得一提的是，该作品采用的音频格式非 .mp3，而是 .ogg 格式，这种音频格式有着更小的体积，更好的音效，H5 内置的 8 支音效总体积不过 600KB，但因为目前部分机型兼容性的问题，所以大量 H5 作品还在使用 .mp3 音频。

## 项目执行中遇到的问题

项目在风格设定的问题上耗费的时间是最多的，团队开始尝试了很多不同的风格，最后才选定了**中式机器牌坊**这一视觉形式。

还有一个难题就是，刚开始想去表现"蒸"的状态感觉特别难，一方面要让用户看清楚粽子的样子，另一方面还需要用户能够感觉到粽子是在被蒸，大家知道蒸炉都是乌烟瘴气的，什么都看不见，而且什么时候开始蒸，什么时候蒸好，这些都不好表现。

最后，我们采用了**喷蒸汽动效 + 背后指示灯 + 仪表盘 + 粽子本身的变形 + 声效**的一同表现，才算是解决了问题。

## 项目上线的反响

这个 H5 凭借视觉效果出众、体验流畅、层级清晰的优势，上线之后的很长一段时间内都在持续被转发和传播，甚至在 2016 年端午节，还在被用户转发和传播，直到作品之后下线。可以说，它对电影起到了非常好的预热作用。因为粽子的形象非常受欢迎，以至于在随后的很多宣传画面中，我们还能看到这个粽子的形象。

电影上映前的网站宣传广告画面

一些成功的 H5 作品往往会遭到抄袭和模仿，但这个作品因为其巧妙的设计方式和出众的视觉表现力，却让那些模仿者望而却步。

而项目唯一的缺点在于我们把用户想得太"聪明"了，引导做得还不够好，这导致了很多用户都不知道怎么开始玩，我们认为很醒目的红色大按钮，很多用户都没找到，相信你也会有这样的体会。虽然按钮的颜色够醒目了，但是因为主画面有太多细碎的动效，影响了用户的判断，这一点在之前动效的章节里也有讲解，算是一个实际的案例展示了。

## 项目经验总结

虽然作品反响非常好，但实际项目是我们团队 3 人用一周的时间执行出来的，这里包括了设计和执行，很多好的想法和能够深化的细节都因时间限制被砍掉了，有些可惜。比如说粽子的动作和形态可以设计得更丰富一些，再比如说不同僵尸粽子的差异性应该更大一些。而且有些动画可以利用代码替代，不必都做成帧动画，这可以减小体量。

所以，更充足的时间是确保项目精彩的关键点。现在 H5 的优秀案例越来越多了，如何能在这些项目里做到有特色，这个恐怕是越来越难，而"活蒸大粽子"就做到了这一点，即使是一年以后，它还是会显得很特别。同时，简洁是我们始终坚持的一个点，它不是让你把设计做的简单，而是要求你把交互做的简单、有趣，这样的作品才能让用户记忆深刻。

项目需求客户：电影《寻龙诀》制片方

项目创意 \ 执行团队：华扬 - 亚实验室

本文编辑：小呆 & 灰昼

# 精品案例\4.4

[ H5精品案例 ]

## 粉丝哭倒？吴亦凡圆寸疑为入伍做准备

上线时间：**2015年8月**　项目甲方：*Tencent* 腾讯　执行团队：TGideas

扫描二维码 观看精品案例

## 项目方和项目前期诉求

　　《全民突击》是腾讯第一款上线的枪战射击类（FPS）手游。基于良好的用户体验和不错的市场推动，这款产品很快占据了大部分同类游戏市场。但到了2015年下半年，当时的《全民突击》遇到核心用户增长放缓的问题。而进一步扩大产品用户规模也许是较好的解决办法。

　　因此，在更大的用户群体中去加强产品的认知度就成为了此次营销的重点课题。而游戏与明星队长吴亦凡的合作也是因为腾讯希望通过吴亦凡的代言，用泛娱乐的方式带入更多的新用户。

腾讯游戏 - 全民突击 LOGO 主视觉

最后，在考虑到手游的实际体验环境和游戏玩家引流的便利后，我们确定这次推广用 H5 来表现。

## 初期方案，以及方案思考过程

公司最初希望能做一个现象级的 H5，而接到任务的团队第一反应就是，现象级的作品不是说来就来的，更何况这是个没有推广资源的项目，谈何容易！

而在苛刻的条件下，团队也得到了一个明确的创作方向，我们意识到这个 H5 必须要是一个能吸引用户的好内容。所以在策略层就希望通过好创意，并配合 SNS 营销进行一个与代言人的联合发声。

腾讯游戏 - 全民突击主视觉

确定了在 H5 里用吴亦凡了，但到底怎样才能引起关注，怎么才能做的有创意、有吸引力？我们在形式的具体创意上经历过多轮脑暴，也产生过好多个方向。

开始觉得，可以采用明星与粉丝对话的形式，利用打电话页面＋发微信的交互，但这一形式已不再新鲜，展示出来的效果会比较常规。第二轮脑暴后，又想到希望利用美漫剧情来做 H5，编一个引人入胜的故事，配合吴亦凡打电话，但实现上又觉得有不少问题，同样也放弃了。到了第三轮，则准备实拍，把吴亦凡置身战火纷飞的"全民突击"战场，通过步话机对粉丝喊话，然而即将开工时，我们还是觉得没有太大惊喜，就又放弃了。

前期 H5 的部分创意方向

如果是常规的 H5，这些想法可能就通过了，但因项目条件苛刻，所以要继续再找更好的创意点，而在随后的挖掘中，我们又发现了几个非常有趣的小点！

吴亦凡近期是没有头发的，没有头发，可以有很多解读方式，而当时一些娱乐媒体会解读为明星为了拍古装戏往往要剃掉头发，而当兵同样也要剃头发，那么能不能说吴亦凡"入伍"呢？另外，吴亦凡有一定的韩国生活经历，我们就联想到了在韩国成年男性是有服兵役这个

明星近期没有头发　　　　明星有韩国生活经历　　　　游戏为军事题材

义务的，这种从明星本身生活中挖掘的点，又与入伍有关。而且《全民突击》本身就是军事题材的游戏产品，在情节上可以相互贯穿。

因此，结合了以上几个点，我们当时提出来一个概念，如果说看到某某新闻上说我家凡凡要入伍，会不会吓死宝宝？这样一个偷换概念的想法就被我们推敲出来了，而且大家一致认为这样的创意形式肯定比之前的方案更有吸引力！

在确定"吴亦凡即将入伍"的创意之后，我们发现这本身就是一条真假难辨的信息。如何能再强化这种真假难辨的感觉呢？索性就把它做成一条"新闻"好了，而在技术层面，H5是可以模拟手机新闻客户端界面的，而且可以直接把页面设计成"腾讯新闻"的新闻页，这个想法似乎不错！

再往下进行，就到了比较关键的内容吸引点了，我们希望这个H5用户看了之后会对内容的展示、互动体验有非常高的兴趣。所以，在具体画面形式上又做了些非常大胆的预设，例如让吴亦凡从新闻页跳出来，让吴亦凡和粉丝打视频电话等等；同时，在描述入伍这个事情时，希望内容的展现能够更大众化、轻松化。

带着这些思考和推敲，我们得到了最后的执行脚本／原型图：

**1. 吸睛的 headline，以假乱真的新闻界面；**

**2. 男神从新闻页面中跳出，撕下画面；**

**3. 视频来电等环节紧凑连接；**

**4. 最后吴的亲身视频告白；**

**5. 谜底揭晓，原来是入伍全民突击，做明星队长。**

一个H5的设计前期构思和做视频广告不一样。它更偏向于互联网产品的交互设计和一些互动的体验设计。所以要在具体执行前先出一个创意原型。把整个流程、交互逻辑和体验的模块都展示在一张图上，这样才能让我们看清这个执行计划。

**H5外部图文示意**

**P1-H5-吴亦凡-新闻报道页**

吴亦凡简短寸头，准备去服兵役

**P1-H5-吴亦凡-新闻报道页下拉**

点击好友分享
进入H5页面

**H5分享样式**

点击好友分享
进入H5页面

图片突然会动，吴亦凡走出图片进行剧情
**吴亦凡的语音方向大意：**

上面说的都不对，恩~等一下（这时候是吴亦凡走出图片，离开手机屏幕）

不一会，跑了进来（气喘的说）

这件事，一两句说不清，我们电话联系吧！

**吴亦凡的语音大意：**

hi! 我是吴亦凡，我们又见面了！
关于我是不是去当兵的这件事情，其实是~真的，哈哈哈
没想到吧！我加入了《全民突击》的一个明星战队里，我就是明星队长
但我没有拍档，所以我希望你也加入到我的战队来，
I Want You！(伸出手指镜头）
下载《全民突击》和我一起并肩作战吧！
88~~~~~

**开启游戏：**

1.没有下载游戏的跳转 下载游戏；
2.本地有游戏的，直接开启；

**P2-H5-电话打进来**

吴亦凡
中国

接通电话

**P3-H5-吴亦凡视频通话**

挂断电话

**P4-H5-落版（悬念式引诱下载）**

揭开吴亦凡
明星队长新形象
一起加入战斗

开启游戏

再来一次

电话响起

## 具体执行经过

有了具体的方案和原型后，怎么样让创意有效地落地，这里面有很多执行层面的问题要攻克，毕竟还没有人做过类似尝试。

### （一）视觉设计

对于视觉设计来说，最重要的就是做好新闻页、接电话页面的伪装，还有最后游戏落地页面和分享页面的设计。

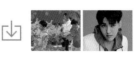

所有植入 PNG 素材图演示

在 H5 主页面植入的 PNG 素材图实际只有这么多，为了页面能够乱真，文字都是可编辑的，而不是存成了 PNG 素材图。

在执行伪装页面时，要参考真实的新闻页面，做到仿真就可以了，而落地页设计一方面要执行《全民突击》的固有画面风格，一方面要能够比较好地把用户从广告内容拉回到游戏场景，又不能与整个 H5 的感觉偏差太大，所以你最后看到了真实视频录制的吴亦凡与手绘绘制的吴亦凡在视觉上有一个过度，这里的过度也主要是形象和位置上的照应。而最后的分享图标也设计成了吴亦凡的头像，和整个 H5 内容相互照应。

H5 页面最终用到的所有分层素材图示意图

## （二）文案设计

这个 H5 的文案亮点，实际就是伪装新闻页的标题，整个文案思路也照应了新媒体新闻的特征，直接、简单、通俗而且亮眼。

最后 H5 用的标题文案是：**粉丝哭倒？吴亦凡圆寸疑为入伍做准备**

这本身就是一个非常有吸引力的标题，短短十几个字，有细节（圆寸）有反差（明星入伍）也有情感互动（粉丝哭倒），这样的标题即使不是H5，很多人也会很惊异地想点开来看看。

朋友圈 H5 分享样式

微信群、好友对话框 H5 分享样式

H5 内页主标题

而就该项目来说，当整个创意被敲定后，标题要写什么也就呼之欲出了，只是会因为不同的用户环境，需要进行调整。

## （三）视频与声效设计

这部分视频是由专门的影视团队完成的，而这个 H5 为了照顾到交互和体验的流畅，最后在 H5 内放置了 2 段视频，而为了塑造出比较真实的现场感，没有在前期特意为明星设计造型和服装，而最后明星穿着的黑色长袖 T 恤是根据原型图最后选择的，通过下方二维码，你可以具体看到是哪两段视频。

扫描二维码 观看视频演示

第一段视频：大小 993KB　　　第二段视频：大小 2.6MB

H5 内置的明星对白和视频被编辑在了一起，以 MP4 的格式被植入，采用的是同期声的合成方法。还有一支声效就是手机铃声的音效，用来伪装接电话的声效，这个音效你通过自己录制或者素材网站都可以很轻松地找到。

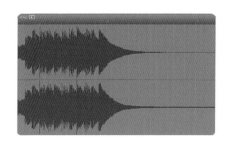

MP3 文件（音效全长 4 秒）

在 Garage Band 获得的音效信息，从音轨你可以看到电话铃声的一个动态走势

## （四）技术要点

虽然有了所有的素材，但要设计一个以假乱真的新闻还是不容易的，最大的难度是对细节的掌握，页面稍有一点不像，就会被揭穿，那样就无法达到乱真的效果了！

**而这个 H5 又两个技术难点值得一提：**

① 我们看到大量常见的页面伪装类 H5，它们都会做成视频，很多 H5 固然效果很炫酷，但看一眼就知道是个假的。而腾讯 TGideas 的技术团队用 HTML 做了一个可以乱真的腾讯新闻页面，甚至页面的文字都是可复制，而且页面在微信端打开后，不会有等待加载，你看不到常规 H5 会有的 loading 进度条，因为 H5 内置的视频隐藏到了页面背后，在你观看页面时，加载已经在悄悄进行了。

当用户往下划动页面时，会触发第一层视频播放，视频播放完成后，会紧接着播放下一段视频，而这中间的过渡依然采用了一个比较巧妙的方法，用类似电流干扰空间的视觉动态形式，而从这里一直到视频通话阶段就是一段完整的视频了，也就是说：吴亦凡从网页外进来 —— 撕掉网页 —— 揉成团丢掉这些都是一段视频。 这几个惊喜点是由 1 个页面和 2 条视频无缝串联而成的，其实在这个作品之前是没有过类似项目的，而我们看到后来很多作品在相仿这个形式时，也没有像是这个作品那样，做得那么精细，还是能看到很多破绽。

**最底层** 视频层
**中层** HTML页面层
**前层** 视频层

进入H5之后往下滑动才会触发最底层视频加载
**Android**：进入H5后前层视频会在点击后播放
**iOS**：进入H5后前层视频会自动播放

② 这个 H5 的元素主要有：文字、图片、MP4 视频、MP3 音频，我们在一种设备上实现完美伪装的 H5 页面不难，但是要在手机 QQ、微信、腾讯新闻、新浪微博等多个平台上实现完美伪装，这个概念就不一样了。

而且每个渠道又有 iOS 和安卓的各种版本，在测试量和兼容性处理方面工作量非常巨大，它的技术难度在于，程序员要发挥各种想象来应对各个版本手机和平台不同的局限性。这还没完，你还要考虑多种场景的页面需要呈现不同的视觉效果，比如说如果不是在微信打开的 H5，而是在新浪微博移动端打开 H5 的话，它的代码载入是不一样的，需要前期做很多优化。

H5 项目 PC 端原型图

另外，如果说在 PC 端打开，跳出来一个长方形的 H5 页面的话，这种体验是非常差的。因此，我们又做了一个 PC 端的 H5 页面。

而在技术团队的努力下，我们最后在多端口的体验上，基本达到一致，而 iOS 和安卓版本的 H5 也仅仅只有一点体验上的不同，就是 iOS 的视频是自动播放的，而安卓端则需要你点击一下首页吴亦凡的图片才会播放视频。

## 项目执行中遇到的问题

除了技术问题，还有 2 个比较大的困难：

### （一）项目拍摄时间太短

在方案确立之后做项目沟通时，团队了解到吴亦凡只有 2 个小时的时间，他只能在片场

项目前期 DEMO 演示与最终效果截图对比

拍摄的空档期才能配合我们拍摄。一开始大家都要崩溃了，觉得这个时间太短了，根本没法拍！为了解决这个问题，团队前期做了充分的拍摄计划，我们在自己的影棚当中把所有的创意都全部表演了一遍，预想到了所有的细节，经过了大量的演练和准备，而在最后与艺人沟通时，就给他看预先做好的演示 DEMO，要怎么演，需要注意什么都非常直观和清晰。而最终执行时，我们只用了一个多小时，就完成了拍摄。

其次，画面中，人如何从画面中走出来，并撕去整个页面，最后给你打电话。这里面对演员有一定的要求，比如说转身出来时，本身手里就拿好了一个揉皱的纸团，这里需要一定的表演技巧，而这个小细节最后被伪装得很到位，也算是拍摄时遇到的困难。

## 项目上线的反响

这个 H5 在 8 月 29 日上线，而当天上午就把早有预估的腾讯团队给看傻了，H5 单天就刷爆了移动互联网，H5 页面在当天 PV 值就达到了 650 万，转化率高达 5.89%，并且在整个 2015 年，这个 H5 本身的互动方式产生了意料之外的蝴蝶效应，造成了大量团队的效仿和套用。

大部分用户真的会用读一条新闻的心态来关注这个 H5，因为它做得太逼真了！然后页面突然就动起来了，并蹦出来了吴亦凡，这超出了用户对内容的固有预期。相信很多看过这个作品的用户都被吓了一跳！这也让人们一下子惊奇地发现，原来 H5 还可以做这么不可思议的事情。

2015 年该 H5 形式曾一度流行，并出现了大量类似案例

## 项目经验总结

现在的用户越来越年轻，他们接触的媒体种类非常丰富，也更追求新鲜刺激的体验，传统的说教式已经不太适用了，而这种轻量、偏技术、用户可以接触并喜闻乐见的方式更受欢迎。不过，你还是要有精准的策略、巧妙的创意、到位的执行、合适的传播渠道来一同发力。虽然很多媒体解读，说作品是借助了明星效应才获得了巨大成功，但仔细想想看，如果不是创意、形式、技术、画面、甚至是标题的精密计划和用心雕琢，你一定看不到这样的反响。

同时，经历过这个项目的团队会有很深的体会，项目实际上时间很少、艺人的档期很紧、各种阻碍和困难又很多，多数决定都是在强压状态下想出来的"妥协方案"，它实际算不上是一个能够让你从容思考和规划的项目。也意味着你解决了这个课题，但同样的方法并不适合沿用到其他课题，虽然作品成为了爆款，但不确定性仍然很大。

所以，案例本身最大的意义可能是，我们要看到在条件苛刻的情况下，创作者是如何利用自己的智慧去用心设计 H5 的，每件好作品的诞生都会受到各种因素的制约，而这个 H5 虽然非常成功，但它的新鲜感和影响力又是很难通过复制形式来再次获得的，在随后的 2015—2016 年期间，实践已经证实了论断，大量项目的跟从，让我们看到的是各种关于立意、主题、体验、设计等等问题的出现，以至于让原本留有新鲜感的用户感到了疲惫不堪，而学习优秀案例的思路，以及创作方法要远比形式本身更重要。

项目需求客户：腾讯游戏（Tencent Games）

项目创意 \ 执行团队：腾讯 TGideas

本文编辑：小呆 &LAVA( 李若凡 ) & 小德 &kairee

# 精品案例 \ 4.5

## 项目方和项目前期诉求

德里克·罗斯（Derrick Rose）是 adidas 的签约球员，而以 Drose 命名的第 6 代明星战靴即将在 2015 年第 3 季度上市，在罗斯 6.0 上市前，相应的广告宣传和内容产出就被客户提上了日程，而作为服务方，我们却面临了较为苛刻的执行条件。

首先是预算吃紧，在制作 TVC 上就比较困难。其次，即使我们做了高品质的 TVC，也没有预算去做大规模投放。

所以，摆在我们面前的只有两条可以走的路：第一条，做互动产生 UGC 并鼓励分享（UGC：指用户上传例如头像、图片等内容，让用户参与分享，这也是 H5 中常用的一种互动方法）；第二条，做内容视频，从球员的故事出发，找话题和争议点，然后通过社交媒体（social）传播。我们最终选择了第二条路，而在具体形式上，我们想去做一个视频与 H5 的结合，这在当时还没有太多先例，但是我们打算试试看。

德里克·罗斯（Derrick Rose）　　　　　　　　　　　Drose6 战靴

## 初期方案，以及方案思考过程

在 NBA，德里克·罗斯（Derrick Rose）是个有话题的球员，他在 2008 年第 1 顺位被公牛选中，职业生涯第一年被评为最佳新秀，第二年就入选了全明星，22 岁当上 MVP，可谓年少得志。

但 2012 年，罗斯膝盖意外扭伤缺席了整个赛季，到了 2015 年又是膝盖同一位置受伤，不得不接受手术治疗，又缺席 6 周，而复出后状态一直不佳，罗斯从备受球迷期待变为饱受球迷质疑，而罗斯的 adidas 签名鞋 Drose6 就正巧要在这个时间段上市。

对于罗斯来说，赛季还长，这些挫折也仅仅是暂时的，他需要慢慢找回打球的状态，而对于赞助商 adidas 来说，他们却需要努力挽回球迷的信心。所以，adidas 在形象宣传上想让罗斯走下神坛，希望球员能用永不放弃的精神去找回球迷的心。因此，罗斯 6.0 这款产品的整套营销主题就被定为了 Never stop（向前冲），而 H5 的具体设计内容同样要跟随这个大主题，这就是该项目的内容方向。

logo 由 3 片玫瑰花瓣和自己名字的首字母构成，logo 的元素风格直接影响了 H5 视觉内容

在具体的形式表现上，虽然我们想去做一个 H5 形式的 Video（视频），但是直接把视频放到 H5 里面，似乎没有太大意义，H5 本身具备的交互、自适应、多种体验的特征都将无法实现，所以我们在这次项目创新了一种用代码程序做 Motion（特殊效果）的新路：用 CSS 来控制图片和素材，用代码程序来控制 timing（时机、定时），利用手机的陀螺仪来产生位移和旋转的交互方式，这样一种新的决绝方案。

虽然，类似形式早在 PC 端早已出现过，但在当时的 H5，还没有人这么做过，我们打算做出这次尝试，而下面就要去做具体的执行了！

主要技术和互动实现方法

# 罗斯·绝不凋谢 - 分镜头脚本

H5主视觉封面

对罗斯的质疑：玩完儿、玻璃人、不靠谱、废人...

罗斯的奋斗感言

对罗的经历：我登上过巅峰　也跌入过谷底

流言曾将我包围 、伤痛险些把我粉碎、嘲笑，质疑，诋毁

都想让我变成另一个人　我决不

罗斯奋斗感言：我相信汗水的忠诚　我相信比赛中的"创造者"

终将用比赛，赢回一切

只要　无畏无惧　永不停息

引入落地页：每个面对挑战绝不停止的人都叫罗斯

产品落地页分页：1.产品3D展示页面，2.用户互动页面

# 具体执行经过

## （一）文案设计

从最初的分镜头脚本你会发现，整个 H5 的风格、特性已经被确定了，而且脚本内容基本和最终方案一致，如果我不告诉你这是分镜头脚本，你可能会认为这是一组高保真的平面稿，然而这就是前期的分镜头脚本，可以说团队对内容的把控能力是相当强的。

而具体的文案是先于脚本被确定的，它直接影响了脚本的画面内容，在文案设计上也基本遵循了 adidas 罗斯 6.0 这款产品的全球战略方针，内容的主题是讲述罗斯在 NBA 的遭遇与经历，团队在经历了一番推敲后，得到了下面这组作品文案：

**＜ 罗斯 绝不凋谢 ＞**

画面文案：

玩完儿、玻璃人、不靠谱、废人……

外界对我越质疑 我越有更多动力，坚持自己——德里克·罗斯

旁白文案：

我登上过巅峰　也跌入过谷底

流言曾将我包围　伤痛险些把我粉碎　嘲笑，质疑，诋毁

都想让我变成另一个人　我决不

我相信汗水的忠诚　我相信比赛中的"创造者"

终将用比赛，赢回一切　只要 无畏无惧 永不停息

画面文案：

每一个面对挑战绝不停止的人都叫罗斯

## （二）视觉与技术设计

　　整个 H5 视觉风格也跟随了 adidas 对于该产品的全球战略。视觉上，采用了一种复古的招贴画风格，所以画面是一种黑白的基调。所有预先设想好的元素和素材先根据脚本被制作出来，然后以 .png 的形式被导入到 H5 当中，在开发阶段再被前端工程师转为 .base64 图片格式，虽然这种图片格式会比常规的 .png 体量大，但是如果所有的图片都是 .base64 的话，它可以减轻服务器的加载压力，让浏览变得更加流畅。

　　在技术层面，Drose 可以说是一次比较大胆的尝试，我们想把以前只能以视频形式制作的 Motion Graphic 做成动态，去和互动相结合，可以将其称之为 Interactive Motion Graphic（这在当时的 H5 中，可以说是首创）。同时，这次项目也是团队自有开发的 CSS 3D 类库的一次大型应用，而这个类库有着体积小，效率高，应用便捷的优势。

小提示：

Motion Graphic，简写 MG，全称应该是 Motion Graphics Design，通常指代动态图形或者运动图形。但由于 MG 所运用的画面语言是运动与影像，因此，也被称为动态影像设计。
Interactice Motion Graphic，interactice 是互动的意思，在这里指代能够与用户产生互动的 Motion Graphics，该概念由本案例而来，是 Graphics Design 的一种创新延续。

罗斯系鞋带的动画由两张图片构成

● 首页罗斯图由3张分层图构成

决不

● H5内的花瓣动画
主要由这三支原型构成

● H5内分层标题图

adidas

● H5内罗斯冲刺分层素材图

● H5内罗斯
获奖分层素材

玻璃人
废了 碰不得
玩完 不靠谱

● H5内罗斯受伤分层图

● H5内罗斯
公牛队1号

ROSE
1

● H5内罗斯负面信息图

● H5内罗斯训练分层图

第1层：人物身体素材

第2层：人物手臂素材

第3层：标题分层素材

第4层：花瓣动效素材

通过调用手机上的**陀螺仪**的重力感应，使得用户在观看H5时，能够看到分层元素的错位动画效果。整个H5采用了同样的技术运用。

　　在开发过程中，创意设计和开发紧密结合，项目从头至尾，程序员和动画师坐在一起对每一个动画节点和效果做判断和调整，逐个地对场景开发进行测试和评估，以求让表现效果和运行效率之间能达到更好的平衡。这个 H5 不同于其他项目执行方法，它的技术与设计是同步的，也因为二者紧密的结合，才使得项目能够有更好的表现力。

　　同时要指出的是，真正好的作品不是你做得有多酷、做得有多炫就好了，而是说你的成品 H5 网站可以被大多数移动设备无压力地观看和浏览，往往有经验的团队和没经验的团队就差在这里，你不是为一款手机做网站，而是为整个市场的手机做网站，这样就会给你带来完全不同的设计思路。所以，你会看到程序员与设计师协同并进。

## （三）声效设计

H5 的音效被设计成了真人旁白 + 环境声效的组合，正常来说，本来应该考虑分轨播放的，但因为当时微信的技术限制，部分安卓系统的手机无法在微信下观看 H5 时，还能同时播放两段音效。所以，在后期就把真人旁白和环境声效合成为了一段 .MP3 文件。当然，这个技术问题在 2016 年上半年就已经被官方解决了。

MP3 文件一共 2 支

在 GarageBand 获得的主音效信息，从音轨看，声音节奏因为人声的混录 + 电音的强节奏，显示出高动态

而声音的制作方式是先由程序员和设计师将 H5 网站成品设计完成后，以录屏的形式制作出演示视频文件，然后将文件交付给音乐人进行配音，配音完成后，再重新植入 H5 网站。整个 H5 网站植入了两个音效文件：主音效（全长 56 秒）、开场辅助音效（全长 9 秒）。

此次 H5 的音效采用了时下较为流行的电音舞曲风格，是 Dubstep 的一种风格演变，我们也可以将其称为是复古电音，这种在 80 年代曾经风靡一时的电子音乐时下又开始流行起来，它非常适合搭配运动感较强的画面，因为它就是年轻和活力的代表。

> **小提示：**
>
> Dubstep，是电子乐的一种，诞生于英国伦敦南部，受早期英伦车库乐影响，AMMUNITION PROMOTIONS 命名，从音乐理论来说，Dubstep 带有黑暗色调，稀疏的节奏，和低音上的强调等特征。

## 项目遇到的困难

实际，主要的难点是在执行效果和实际应用效果的博弈上，这也是项目的最大挑战。

原本脚本上设想的大量效果动画因为程序架构和手机效能的问题被放弃了很多，在反复调试和设计的过程中，为了找到体验与效果的平衡点，最终的H5成品网站舍弃掉了部分元素和效果。因为国内移动端用户的手机设备还不够统一，有很多低端机和旧系统，我们为了确保大多数手机在观看动画时不会卡顿，从而放弃了很多。

## 项目上线的反响

这个H5网站上线后，虽然没有进行大范围推广，但是在移动互联网，尤其是在同行的圈子内被大家关注，它全新的表现方式让很多体验过的用户印象深刻，而在这个项目之后，因为客户的赞赏和认可，让我们有机会又看到两支同类表现形式的作品，他们分别是"adidas- 绝不跟随"和"adidas- 胜势全开"。无意间，让我们看到了一个 Interactive Motion Graphic 在同品牌衍生下的三部曲，让这个系列成为了行业的经典案例。也因为这3支H5的技术探索，才使得团队在2016年能够顺利地做出红极一时的H5作品"淘宝造物节邀请函"和"双11来自宇宙的邀请函"。

但是，并没有多少人知道，这一切的开始，始于"罗斯绝不凋谢"这个 H5 作品，而这个 H5 对项目团队，以及整个行业来说，都有着重要的意义！

项目团队在 2015—2016 年国内代表案例（项目案例均已下线，但样本均收藏在本书网站）

## 项目经验总结

相较于内容创新，该团队更偏向于形式上的突破，就像是他们在 2015—2016 年间的作品产出。形式创新更加简单直接，对客户来说也更有可参考的时效性，而内容创新往往难以预测项目效果，你很难去说服客户，也很难去评估结果。

而在这个维度上重新看待 H5，你会发现，虽然 CSS3 有着极好的优势和便利性，但在追求新形式、新内容的发展过程中逐渐开始显得力不从心了，尤其是在表现大型场景的项目时，像是后来的 2016 年双 11 热场 H5 作品"来自宇宙的邀请函"。所以说，对于新内容的追求是不能止步的，Interactive Motion Graphic 的突破与开发固然精彩，但是没有因此安于现状，只有不断地去尝试新的技法和形式，才能做出更多更好的项目。

项目需求客户：阿迪达斯（adidas 中国）

项目创意＼执行团队：VML

本文编辑：小呆 & Laurent jiang & Shrekwang（老史）

# 精品案例\4.6

## 项目方和项目前期诉求

这是一次大众点评与欧莱雅的整合营销，大众点评在2015年做出了很多优秀的H5项目，并且有些作品获得了很好的口碑效应。最初，甲方在项目预期与设计要求上并没有提出明确的意见与方向，只是希望H5的作品水准要高、内容要特别。所以，团队在接到新项目需求时，感觉到了很大的压力与挑战。

## 初期方案，以及方案思考过程

因为这次需要推广的一共有 5 款洗发产品，所以从品牌方的角度考虑，他们希望可以从 5 款产品各自特点出发，来贯穿这个设计，这样的思路比较常规，也确实没什么问题。

但是，我们觉得要卖给男人的洗发水，除了表述应有的功能属性以外，更重要的是要让人们觉得畅快、有力量！最好是能表现出，用过产品后让人能产生酣畅淋漓的感觉，这和女性洗护品创造出来的感觉可以说是完全不同的。

男性与女性洗发水在画面呈现上存在较大差异

同时，考虑到项目上线时间是在春节之前，在这个时间段，大部分人已经开始进入比较闲散和憧憬的状态，如果在这个时间投放 H5，是不是可以让 H5 的内容和人们的心理特征有一些照应，让人看了会有一些关于节日的共鸣呢？

从产品本身、男性特征、产品要表现的调性、节前人们的心理特征这 4 个点，我们开始进行大量的发散和联想。

于是，在经过了大量的构思之后，团队意识到，在节前的人们，实际已经早早地开始对休息、吃喝休闲、娱乐放松产生期待了，他们大多数人在这个时间点就已经开始计划节日的活动了。你完全可以用**"浑身上下都已经不安分"**来形容。那么更大胆一步去发散，我们是不是可以直接用一个男人的身体去表现所有的节前幻想？

健壮的男性身体比较刚硬有力，他能够非常好地和产品的目标人群照应。但是，如何能在男性的身体上表现合适的内容？用什么方式去展现？这又是一个不小的难题，想法固然有新意，但是一定要找到合适的表现形式，这个创意才有可能落地。

最后，团队想到了一个办法。

将H5的形式做成一个长镜头，而不采用平时的翻页模式，这样可以让整个画面的感觉一气呵成，有强烈的代入感。而和男性身体能结合的内容有纹身、服装、装饰和动作等，再

项目提案阶段：团队演示效果图与纹身示意图

考虑到执行难度和最终的效果表现时，我们选择了利用纹身这种方式来表现具体的画面内容，这样更简单直观，能够很容易携带信息，而且和男性的身体结合也不会让人感觉到生硬。

方向敲定了，下面就要去具体执行和落实想法了，我们还是要先从原型图讲起！

① 马上要过年
整个身子都开始有想法了

画面先出现文案，点击后过
渡到动画

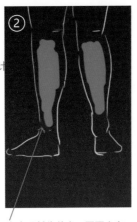

② 红色区域为纹身，画面内容
为足疗、跑鞋、沙滩。

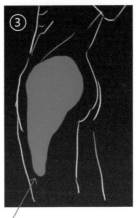

③ 红色区域为纹身，画面内容
为约会、恋爱。

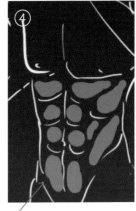

④ 红色区域为纹身，画面内容
为聚餐、美食、大餐。

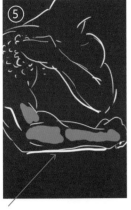

⑤ 红色区域为纹身，画面内容
为发红包、娱乐打麻将。

⑥ 红色区域为纹身，画面内容
为放松、打游戏、看电影。

⑦ 想要出去嗨
先把头搞帅

红色区域为纹身图形，画面
内容为之前出现过的所有纹
身图形。

⑧ 落地页收尾，主题突出：
好年从头开始。

## 项目预想草图（原型图）

　　整个项目以：**"好年从头开始"** 作为主题，与品牌方提案时，采用的是草稿图的形式，
而原型图的创意思路如下（见下页）。

　　主题名"好年从头开始"一语双关，与产品、产品特性、项目上线环境均有关联，而整
个 H5 被划分为了 7 个内容分块，它们基本上涵盖了所有男性过年期间会从事的活动，整个
H5 采用"一镜到底"的形式来展现内容，在体验的过程中不会断档，可以较好地吸引用户
的注意力。

　　原型图确定之后，下面就要开始具体执行阶段了。

## 项目具体执行方法

想要把这个 H5 的具体内容执行到位，很容易就能得到 2 个关键点：第一，拍摄一支围绕男人身体的视频，用长镜头的方法来表现；第二，纹身的视觉要适合男性的身体、要能够表现出画面的主题。下面我们来一点点的讲解：

### （一）纹身

纹身的风格和样式多种多样，考虑到手机屏幕尺寸和移动端内容快传播的特点，在身体的局部去展示这么多，整个纹身的画面风格一定要简单直接，不能太花哨，在色彩的运用上也最好是单色。所以，项目最后选择了利用大块面的图形来表现内容。

腿纹身-遮阳伞　　　　腿纹身-躺椅

腿纹身-脚　　腿纹身-拖鞋　　腿纹身-运动鞋

H5 腿部纹身设计图以及纹身设计元素

而在纹身设计上我们选择了利用矢量图形的方式，通过 Adobe Illustrator 去绘制需要附着在模特身上的具体图形，这样很容易快速地表现图形，也比较方便后期的修改和调整。

为了能够让画面更加生动，我们将纹身设计成了动态效果，舍弃了比较容易表现的静态表现。在动效的表现上，选择了利用帧动画的形式来呈现，而每组纹身动画，预先设计了5~8 帧的动态效果。

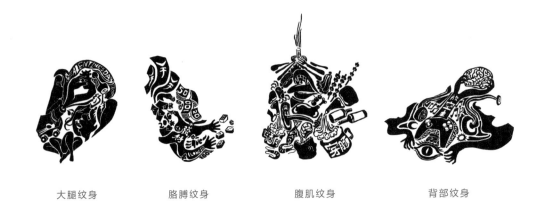

| 大腿纹身 | 胳膊纹身 | 腹肌纹身 | 背部纹身 |

上图为其他纹身区域的设计图，每组纹身的创作内容也和那部分身体的主要用途有关，胳膊纹身的元素是玩麻将、发红包等，而腹肌纹身的元素是美食、啤酒等。

### （二）拍摄

在拍摄之前，预先考虑到了以下 3 个特征：

① 整个 H5 将会采用序列帧的成像方式，那么尽量减少帧数会非常有利于体验，让加载更快捷；

② 移动端的 H5 页面普遍有快传播的特征，所以节奏不可太拖沓，快节奏有助于畅快的体验，也能减少帧数。速度的加快也是酷炫、力量类主题的有力辅助；

③ 在色调上选择了纯色，黑色可以更好地反衬出人体和纹身画面，并且较少的色彩信息可以减少每帧画面的体量，也是对性能和美感的双重考虑。

在考虑到了上述几点之后，团队做出了整个拍摄需要的具体拍摄计划，选择了合适的拍摄场景，找到了合适的演员模特（见右页配图）。

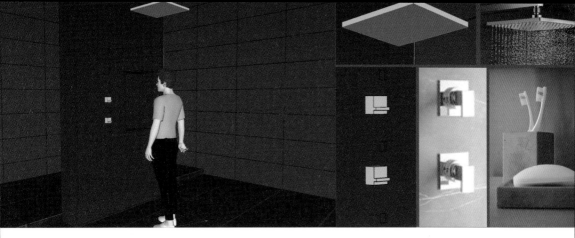

拍摄计划 3D 场景参考图　　　　　　　　　　　　拍摄道具样式参考图

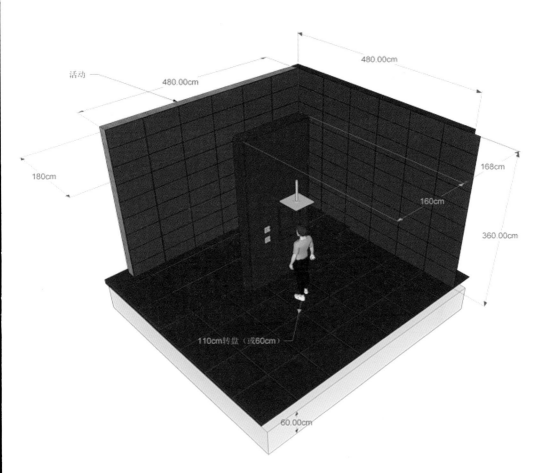

拍摄计划主场景 3D 效果图

## （三）文案

对这个 H5 项目来说，文案起到了推波助澜的作用，考虑到识别和节奏本来的特征，文案选择了断句甚至是单词，整个文案风格不深奥，甚至可以说比较口水，又短又直接，这也是根据作品风格和节奏特征做出的文字设计。

**最终文案版本：**

第 1 屏：马上要过年了 整个身体都开始有想法了！（浴室地面）

第 2 屏：走起！出去嗨 看世界（小腿）

第 3 屏：各种约～各种爽～（大腿）

第 4 屏：烧烤 啤酒 海鲜餐（腹肌）

第 5 屏：抢红包 打麻将 发大财（胳膊）

第 6 屏：放空～放松～放任玩（后背）

第 7 屏：你们都想出去嗨 那就先把我搞帅（头）

第 8 屏：好年 从头开始（落地页）

## （四）设计

就这个 H5 来说，设计主要体现在了 3 个点，他们分别是字体、板式和动效。

### 1. 字体设计

设计师以黑体字作为基础，对字体进行了重新设计，加强了笔画之间的粗细反差，把规则字形修改成了不规则的字形，同时为了加入细节，为每个字加上了纹理效果，让字体看上去更有力度，在颜色的调试上也更贴合画面。具体字体设计方法，读者可以参看本书第 3 章标题设计部分。

你一身的渴求
我们从头开始满足你　　>　　你一身的渴求
我们从头开始满足你

字体调整前后的差别

## 2. 版式设计

作品在版式设计上采用了比较清晰的视觉层级，根据每一屏人体移动的不同位置来灵活地调整版面，除了第一屏和最后一屏外，其余页面都是根据：男性身体（一级信息）、纹身动画（二级信息）、标题动画（三级信息）的顺序来展示。

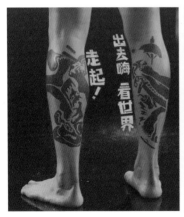

一级视觉信息（人体）
二级视觉信息（纹身）
三级视觉信息（标题）

页面视觉元素版式层级分析图

虽然画面内容很复杂，每一屏反差又很大，但是内容条理清晰，并不会让用户觉得凌乱，这就是版式起到的重要作用。

### 3. 动效设计

　　该作品的转场动效基本是在拍摄时完成的，而转场速度比较快，基本维持了 0.5 秒左右，但是用户可以看清楚整个画面的变化过程，而辅助动效集中在了主画面的纹身和字体上，也都是通过帧动画的方式获得的效果，很有效地加强了画面的动感，这种转场大动效带动画面辅助小动效的方式，非常有利于快节奏类的 H5 页面设计。

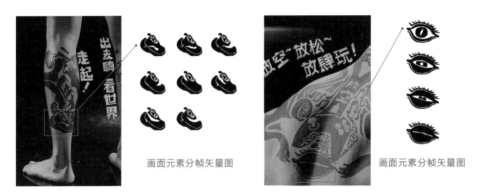

画面元素分帧矢量图　　　　　　　　　　　　　　　画面元素分帧矢量图

　　你会发现 H5 的动效变化虽然很大，但同样又可以看到小的动态细节，颜色对比比较明显，节奏张弛有度。而 H5 的 loading 动画借用了头发的"发"字来做变化，利用汉字的 4 个声调来表示加载状态，这种小设计和那些显示 100% 的 loading 截然不同，更贴合主题，而且更有趣，它就像是一个和内容相关的小勾子，引导用户进入主题。

H5 的 loading 小创意

　　而实现方法也并不复杂，同样是借用了帧动画的方式，将做好的分帧交给前端工程师来实现动画效果。

### （五）音效

究竟用什么样的音效，团队在项目执行前有一个比较明确的方向，希望采用节奏性强的摇滚乐，这样和画面的风格以及主题是比较合拍的。

而音效是采用了先视觉后配乐的常规做法，H5的视觉效果出来之后，团队通过专业的的音乐人制作了H5的音效，而整个H5也只采用了一段主音效，并没有加入其他辅助音效，因为画面节奏和主音效声量的问题，你制作的点击音效很可能是听不到的，这样的处理也比较稳妥。

MP3文件（音效全长16秒）

在GarageBand获得的音效信息，从音轨来看，声音动态较高，符合画面主基调

## 项目遇到的困难

### 拍摄难度

因为拍摄预算的关系，项目没能用上电子摇臂，拍摄过程中都是摄影师从脚到头自己控制整个摇动过程的，所以有一定难度。除了每个停留的位置要卡精确之外，对焦也非常困难，而且之前没有见过类似的项目，没有具体的执行参考，一些细节和方法都是临时总结和归纳出来的，幸好在反复的演练之后，我们获得了比较理想的现场效果。

拍摄影棚实景现场

### 表演难度

演员在裸体情况下和转盘操作员一起完成动作，几乎整个拍摄 90% 的时间都在反复练习这个过程。直到最后大家都非常熟练了，我们才开始正式拍摄。当时气温很低，演员冷得肌肉都萎缩了。另一个难点，就是要避开敏感部位，从臀部位置向前转动时，镜头要保证不漏，又要自然流畅。这个问题拍摄前谁都没有把握，我们甚至做好了后期打马赛克的准备。但是还好，通过多次排练，最终效果令人满意。

### 项目上线的反响

这个 H5 的形式独特，而且大胆地用到了裸男元素，所以在创意提案时就被团队看好，大家都感觉这将会是一个非常受欢迎的项目。H5 上线前，客户做了小范围测试，反响非常好。

而项目在 2016 年 1 月份上线，当时就获得了非常好的刷屏效果，不光是普通用户在刷，H5 行业的从业者、设计师、专业媒体也都在刷，这个 H5 在 2016 年的新年前，确实在移动互联网火了一把！

朋友圈分享效果　　　　　　　　　　　　微信群分享效果

## 项目经验总结

创新的形式、准确的洞察再加上良好的体验和互动，是保证一个 H5 能否成功的基础。用户会更喜欢直接而且新鲜的东西，但是单纯的直接和新鲜又没有意义，因为 H5 作为品牌的一种推广途径，还需要让用户感受到品牌想要传递的内容信息，而这个作品就比较好地结合了这几个点。

这个 H5 的形式会随着技术的发展而不再新鲜，但是项目的思路和执行方法却是永远不会过时的，这才是我们要学习的重点。

项目需求客户：大众点评　x　欧莱雅

项目创意 \ 执行团队：鱼脸互动（FishFace）

本文编辑：小呆 & old XU( 老徐 )

# 工具类精品案例 \ 4.7

## 项目方和项目前期诉求

这是一个自发项目，最初启动项目并不没有商业诉求，而是来源于对生活的一些体会。

科技的发展带来了更多便利，尤其是近几年的移动互联网，想想也真是夸张，从 2007 年到 2016 年，不过 10 年时间，但移动设备的发展已经翻天覆地了！而且我们过度地使用手机带来的安全隐患也越来越严重，新闻里报道的因为手机发生的事故也屡见不鲜，所以想做一个关于手机的公益广告。

而传统媒体的公益广告对"低头族"的影响实在有限，但最新出现的 H5 成了非常适合命题的媒介。所以，项目最初就锁定了用 H5 这个形式来表现广告内容。

## 初期方案，以及方案思考过程

公益广告大家看得太多了，它们总是在说教、在试图教育你，这不适合现代年轻人或者说"低头族"，他们对这些传统模式早就有了抗药性。所以从方案策划上，我们就有意避开了带有说教色彩的第3方口吻。在最初，就想到了"手机有话对你说"这个第二人称主题，但是要怎么去描述这个内容呢？

起初也想用插画搭配主题文案的方式来表现内容，但当你从诉求点出发时，即使你做的是H5，但内容还是会落回到传统公益广告的路子上，这只不过是套了个H5的外壳，但内容本身还是传统的，这并不能发挥H5本身的优势。"低头族"自己天天在看手机，而且H5也是移动网页，那么是不是可以在这个上面做一些文章？

前期 H5 的部分创意方向

正巧在2015年下半年，H5刚刚兴起，手机模拟的形式也随之出现，而伪装接电话在这段时间开始被广泛采用，这种形式会让用户觉得新鲜，而且形式本身就产生于手机，用户在操作和互动时，没有过多的学习门槛，很容易上手。但我们并没有直接去套用在当时非常火爆的接电话形式，即使是各大厂家都在效仿，而是围绕诉求点去寻找更适合利用手机来发声

siri 在 iOS8 时期的输入图标　　　　　　siri 在 iOS9 时期的输入图标

的方法。这个思考过程耗费了很长时间，但是当我们想到 siri 时，才发现我们终于找到了形式。

我们完全可以借助 siri 的口吻来讲出想要表达的内容，它本身就根植于手机，并且 siri 可以去描述任何内容，并且不会让人产生歧义和不适应，而这和**"手机有话对你说"**的主题也不谋而合（项目当时执行时为 iOS8 版本，所以 siri 为老界面）。

## 具体执行经过

### （一）文案设计

文案是这个 H5 设计的第一步，它最大的亮点在于描述方式，我们试图把 siri 拟人化，以她自己的口吻发声，给人营造比较真切的体验，你会看到整个 H5 的文案都是通过手机自己说出来的，为避免干涩的说教，我们又把手机模拟成了俏皮的口吻，通过手机自己表达自己的感受来警醒观众。

在叙述上，参考了用户平时使用 siri 的习惯和特征，例如"播放音乐"和"请看以下网页"等等，这些都是我们常会用 siri 来完成的操作。而文案创作的思路就是：**拟人化、避免说教、结合 siri 自身特征、内容不应过长**这 4 个特点。

**H5 项目文案稿：**

你好，我是 siri。

主人，我有话对你说。

首先，请允许我来点背景音乐  come music

oh，不是这个，能帮我换一首吗？

谢谢，这是一个乐于助人的主人。

我要谢谢你对我的爱。

你对我目不转睛，即使对面坐着你的爱人，家人。

我无数次透过摄像头看到他们无奈和沮丧的脸。

你对我爱不释手，即使在危险面前。

请看以下网页：

我不值得你为我付出这么多。

去关爱自己和那些真正爱你的人吧，他们才是对你不离不弃的人。

去爱真正属于你的世界吧。

再见，么么哒。

手机也会变成这样

请适度使用手机

去感受

这个世界真实的美好和感动

文案 \dodo（只做设计）李志

## （二）视觉设计

　　这个 H5 的视觉方向比较明确，就是要尽可能真实地模拟苹果手机的 UI 界面，包括开机、加载、充电和 siri 的操作界面等等，根据真实的手机界面去做临摹和还原，参考 iPhone 手机的动效和 UI 视觉。为了让整个 H5 在互动时能给人更为逼真的感觉，项目内置的所有文字、图片内容都采用了 .png 半透明图层图片，这样能够比较逼真地模拟手机上的字体，但前提是页面数量不多，不然工作量会非常大，详情可以参看卜页配图。

　　而 H5 中也添加了一些互动方式，比如切换音乐、观看以下网页、涂抹屏幕等设计，让

■ H5 内植入的主要 .PNG 图片素材展示

参与互动的用户和手机有一个似真非真的连接。

音乐播放环节，选择了那英的歌《征服》，以用户的操作来引入整个故事，而打开主背景音乐也被设计成了用户参与在常规操作 siri 时是没有背景音乐的，但是这样的设计后，整个体验过程也更加自然，而音乐选用的是 Background Music 的 *The Beauty of the World*。

网页搜索环节，则是找到了很多真实的新闻事件，并且利用 .gif 图植入的方式，让你感觉更为逼真生动，在整个描述结束时，我们还加入了涂抹环节，暗示拨开迷雾找到真相，而在拨开迷雾之后，我们选用了一个苹果自带的识别度比较高的 UI 图标，用于和后面的内容照应过渡，用户点击图标会跳转到落地页。

H5 选用的 iPhone 图标

在最后，整个内容落回到了一个类似监狱的界面，

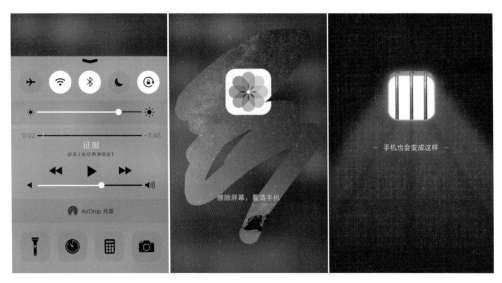

音乐播放引入故事　　　　　　拨开迷雾，寻找真相　　　　　　暗示现状，发人反思

借用常规APP的外形，去设计了一个类似监狱窗口的图标，来暗示整个H5的主题："低头族"实际就像是在坐牢，丢掉手机，去感受真实的生活才是我们应该去做的。

## （三）音效设计

为更好地还原siri的音效，项目采用了直接录取手机的音效方式，使手机发出我们想要的音效，然后再录取处理，这样会比较真实，这也是该项目让人觉得有趣的一处亮点，具体方法如下：

用一部iPhone手机，把自己需要的配音文字写在iPhone备忘录里，然后启动siri，对siri说："朗读备忘录"。再用录音设备录下声音就可以了，实际方法很简单，但需要些想象力，和对手机设备的了解。

　　然后再通过剪辑软件进行处理、降噪、压缩。把每一句单独剪辑出来，方便后期开发的时候和文案同步。这是个非常烦琐和考验耐心的事情，要一点点地调试，但是最后的效果却是非常逼真的。而这个过程，使用的工具是 MAC 的 iMovie 软件。

H5 内总共内置了 34 支 .mp3 音频文件，保证体验效果逼真

　　而主背景音效则选择了调性较为舒缓的轻音乐，这样的设计是非常必要的，在 H5 主界面有着 siri 的独白和文字信息的前提下，背景音效就不可以干扰到主信息内容的展示，而选用 *The Beauty of the World* 这首轻音乐，恰到好处地起到了气氛的烘托，并且不干扰H5 内容的展示。

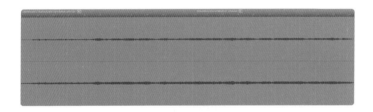

主背景音效音轨　　　　　　　　　　　　　　　MP3 文件（音效全长 50 秒）

在 GarageBand 获得的音效信息，从音轨你可以看出声效动态较低，整体旋律非常缓和

## （四）动效设计

整支 H5 的动效并不花俏，这和需要表现的主题息息相关，因为内容要以文字呈现为主。H5 前半段动效设计基本是参考了 iPhone 手机的动效特征，做了较为真实的模拟，当然 siri 目前已经升级，项目中模拟的效果已与现在的有所差别。

而在落地页，使用的动效也只有常规的位移和逐渐显现而已，因为考虑到主要内容是文字，而且整个 H5 调性并不急躁，在综合效果的考虑下，弱化了动效，这实际上强化了整个作品的表现力，千万记住，动效的使用要适可而止。

## （五）H5 实现方法

这支 H5 并不是通过前端工程师来开发实现的，而是通过第三方工具设计完成的，完全没有利用到程序员，虽然在表现力上还是会逊色于通过开发生成的 H5 作品，但工具能够实现的效果空间已经非常大了，它完全可以做出类似于开发的效果，只要 H5 的策划与想法足够好。这支 H5 用到的设计工具是 **Epub360 意派**（工具详情请见本书第 2 章内容）。

## 项目执行中遇到了什么问题，又是如何解决的

① 遇到最多的问题是来自方案本身，很多次做到一半，觉得方案不够感人就放弃了，所以在推进中不断修改，不断添加创意点和删减多余的煽情部分；

② 在进行项目时，会有很多商业项目进来，这里就有一个取舍问题，是选择做赚钱的项目，还是继续做无偿的公益？最终我们还是选择有始有终地做完这个项目。这个问题找想会是很多开发者的难题：是做喜欢的设计，还是选择做马上变现的项目？当这两点没法共存的时候，选择是挺艰难的；

③ 在做项目时，只有先能感动自己，才会感动别人。太多情感就会给人鸡汤的感觉，以及故意煽情的厌恶感，难以打动他人。对情感的拿捏更考验开发者，这种主动权在用户手里的内容形式，打动受众就变得特别重要。设计中很大一部分时间就花在了把握内容的情感度上面。

## 项目上线的反响

我们做的时候总是怀疑内容是否会受到欢迎，而上线后，作品真的引起了大量转发和刷屏，并且这个作品获得了 2015 年"设计之都公益广告大赛"的新媒体类全场大奖。

同时它也被 H5 广告咨询站评选为了 2015 年十佳 H5 之一。在作品上线之后的很长一段时间，全国各地的人通过各种方式加到我们的微信，并且表示了对我们的支持和对作品的喜爱，这是做任何商业项目难以获得的收益。通过自己的设计让别人感动，这样做很难，但是"手机有话对你说"实现了这个目标。

## 项目经验总结

想到了好的创意就要赶快去执行，只有执行出来，并且落地了才会成为有用的设计。设计师不该只是一个岗位，他应该像是记者、医生一样，有着自己的天职。通过设计的创意让人们感受到更多的情感，这才应该是设计师的价值。H5在这个时期相对于其他传统广告形式有着很大的优势，创作人应该不断接受新的媒体、新的形式，来表达自己的情感。

和传统广告形式相比，H5不仅有视觉，还是动效、音效、交互和数据。它可以实现更大的可能，广告的形式会越来越靠近人心、越来越贴近大众的生活，而创意会作为广告的本质长盛不衰。

项目需求客户：社会公益

项目创意 \ 执行团队：dodo 只做设计

本文编辑：小呆 & 李志

# H5 的内容访谈

对于一本优秀设计图书来说，概念 + 规范 + 方法 + 案例的描述方式已经足够完善了。理解原理与学习方法固然重要，但 H5 这个行业究竟在国内境况怎么样？它是会越来越兴旺，还是会逐渐被淘汰？我们的甲方和乙方究竟是怎么看待 H5 本身的？这个行业好不好就业，企业需要什么样的专项人才？这些同样是每一个设计者应该考虑和关注的重要问题。

而这些问题，你都会在本章找到对应的答案，因为本章的介入，也使得这本 H5 设计图书不同于一般意义的设计图书，它收录了国内甲方与乙方的不同意见观点，包括不同行业的小团队、大团队、小企业、大公司等。他们的不同意见，会帮助你理解和判断这个行业现状和未来。

# H5的内容访谈

鱼脸互动

UIDWORKS

LxU

良品互动

W

腾讯 TGideas

万达集团

搜狐新闻

iH5 工具平台

甲本 JABAN

　　本章我们为读者精选了 10 篇内容访谈，它分为两个部分，前 5 篇的专访对象以专业的 H5 供应商为主，其内容能够让你了解到目前国内优秀出品方的行业态度、设计方法和项目特征。

　　而后 5 篇内容则来自国内的 H5 相关企业，你不仅能看到腾讯、万达集团、搜狐新闻这样的大型企业的专访，还能看到甲本这种中小型企业的态度，并且还能看到 H5 工具商 iH5 的分析，这样多维度的安排意在让读者能够全方位地了解这个行业。除了学习操作方法，了解行业，有时更为重要！

**鱼脸互动Fish Face专访内容**(节选)

访谈进行时间：2016年2月　　采访者：小呆（本书作者）
访谈上线时间：2016年3月　　受访者：FishFace创始人老徐(OLD XU)

## （一）公司在执行 H5 项目时，常规流程是什么样子的？

**老徐：**这个要根据客户来判定，大致来说有 2 种模式：

第一种情况是客户上来就要创意，你会有明确的卖点和需求。这种情况往往会从洞察开始思考用户的习惯、爱好、行为等等。传统广告会站在品牌角度发散，它们就两头，一头是品牌一头是用户，会非常主观地告诉用户要如何，要怎么样。而 H5 的特点是在消费者这边，从消费者角度去思考，这也是行业普遍认同的。

**就拿"项目平安一账通"举例：**

从一账通的功能诉求推敲出了"生活"这个点，进一步挖掘，发现生活中"屌丝"是一个庞大的用户群体，他们想拥有女神，喜欢网红。围绕这个洞察，合适的创意形式又该是什么？

既然现代人生活在手机里，我们是不是可以把屌丝追女神的过程和手机界面结合，围绕

NO.31

就算是屌丝，也有机会追网红！

WWW.KU-H5.COM

扫描二维码，观看案例

APP 的功能来串联一个故事？ 它可以生动有趣，同时也能反映出大多数人的生活现状和心理诉求。

第一种情况的流程

当形式和内容基本确定之后，我们会把内容打包成提案给客户展示，通过后会去执行和细化，这是第一种。

第二种情况是客户希望你来帮他改善品牌现状，做营销。这个需要的就不单是 H5 了，而是一套解决方案。往往要从品牌定位，从 big idea 的角度先考虑问题，H5 的设计方式也将会跟随整个营销案的主题。H5 就会是整场战役的一个据点，它会跟随整个活动的主题和内容，而这样的一次营销活动在设计层面会包含海报、动态海报、TVC、H5 网站等内容。

H5 的方向完全跟随营销， 这个流程就会更宏观一些。而这是 FishFace 的做法，但不见得是正确的，业内有很多成熟的公司，他们的流程也会不太一样。

### （二）您怎么看待 H5 的发展趋势和目前的现状？

很多人在讨论 H5 什么时候死，形式是不是都要出完了，没东西了？

我因为是从 PC 端做过来的，做过无数的 minisite 网站，但是没有人会问这个问题，不管是客户，还是我们自己。H5 必定是形式层面的东西，HTML5 作为一个技术手段会长期地发展延伸，而且 HTML5 的标准也没有说特别完善，微信还封掉了很多功能。所以说形式就在那里，重要的是内容。

本书出现过的部分鱼脸互动的项目案例

目前是微信营销的时代，H5 是这个领域表现力最强的形式，它可以做出各种关联，链接到主站、应用软件市场和各种页面，这些都是其他形式做不到的优势。但是目前 H5 的传播流失性还是很大，寿命短，这是它目前的缺点。

阅读延伸：
**鱼脸互动 FishFace 内容专访（完整版）**

扫描右侧二维码 - 观看行业分析文章

**UID** WORKS **专访内容**(节选)

访谈进行时间：2016年3月　　采访者：小呆（本书作者）
访谈上线时间：2016年4月　　受访者：UID联合创始人Nick & 北京市场部总监Civet

## （一）假证 H5、VR-H5 最近大家都那么追捧，UID 作为行业供应商是怎么看待的？

**UID：**我们更看重设计，H5 是公司延伸的一个方向，公司有个宗旨：保持新鲜，做给年轻人看的广告。在这个前提下，新鲜的形式肯定会去尝试。不过，很多热闹不见得适合你，每家公司都有自己的路子和风格，品质把控和项目的实效性被看得很重，很多甲方找你做项目看的就是你的优势，我们清楚自己的优势，而面对新形式还是会比较慎重，我们会跟进和尝试，但不会太盲目于形式。

## （二）互联网行业对 H5 的期待值高得离谱，你们怎么看待 H5 的当下？

**UID：**在技术进程中，每个时代都有不同的形式作为信息的载体，现在迭代太快，很难说一个形式究竟能存活多久，只要这个形式能一直让人感觉到新鲜有趣，它就肯定能长久存活，实际 H5 也是这个情况。甚至有时你还会看到很有趣的现象，好像已经过时了，但它又回来了！

我们刚入行时，minisite 火的不像话，互动广告被行业捧上了天，很快就是 H5 来了，又火得一塌糊涂。但最近平面广告和 TVC 怎么又有点回暖了？所有内容的根基还是从平面来的，做什么都需要有主视觉，有创意思维；而形式再多样也都是基础的延展，H5 是一个不错的形式，但它不可能是全部。

## （三）从你们的角度出发，什么样的人能做好 H5 设计？

**UID：** 年轻、有趣、有活力、不拒绝新事物、爱独立思考的人都是我们欣赏的！

**小呆：** 框框不少，这样的人好找么？

**UID：** 挺难的，而且看现在和我们刚入行时的整体水平也不一样，甚至现状会给你后继无人的错觉。当物资极为缺乏时，人们的需求欲是强烈的，就像是我们当年热爱设计的小伙伴，没电脑、没相机、没资料、会想尽一切方式去学东西；而现在网络让很多内容获取的太容易，使得很多人忽略了思考的过程，信息的丰富反而让人们的眼界变窄了。

## （四）很多传统行业的设计师想踏入互动领域，能给他们一些忠告么？

**UID：** 还是希望想转型的同学先去深度剖析下自己，弱点、长处、喜好是什么？听见互联网好，人家一忽悠就上了，这个行业真的适合你做么？在没有想明白时，以不变应万变，也许也是一条路子，保持自己最为优势的点，想办法用它来搭上最新的趋势。UID 就是这样子，平面设计是公司的根基，围绕它去做各种新鲜的延展，这样应对互联网风潮，以不变应万变，也许是可行的。

阅读延伸：
**UID WORKS 内容专访（完整版）**

扫描右侧二维码 - 观看行业分析文章

**LⅹU** | **LⅹU 专访内容**(节选)

访谈进行时间：2016年3月　　　采访者：小呆（本书作者）
访谈上线时间：2016年4月　　　受访者：LxU联合创始人李雨 & 魏婷婷

## （一）互联网行业这么迷信 H5，咱们是怎么看待的？

　　H5 必定是技术和手段层面的东西，要不要做，需要看项目条件。H5 可以说是我们经历的第 3 次形式热潮，第 1 次是 Info Graphic，第 2 次是 Motion Graphic，而这次换了H5，一切的一切是那么惊人的相似，它们都会经历**出现—火爆—回归理性**的过程。当热潮退去，H5 会重新回归到它的固有价值当中。

# Info Graphic ⟶ Motion Graphic ⟶ H5

　　谈到前景，现在人们把很大精力都投在了用H5做营销，实际它在产品级应用上潜力极大。向更广的范围看，未来的游戏、APP 应用，都可能被 HTML5 替代。

> **小提示：**
>
> Info Graphic，是 information+graphic 的组合，透过图像的力量让生硬的数据显出趣味与生命力，这种一种信息图形化设计。
>
> Motion Graphic，简写 MG，全称应该是 Motion Graphics Design，通常指代动态图形或者运动图形。但由于 MG 所运用的画面语言是运动与影像，因此，也被称为动态影像设计。

LxU 部分 H5 作品截图画面

## （二）能给那些想踏入这个领域的新人一些忠告么？

每个人的情况肯定不同，从内容上来说，H5 设计与平面设计没有本质区别，而对新媒体环境的不适应，不应该成为你最大的障碍，很多平面设计师在我们这里最后成为了动画师，而原因在于他们自己的执着和尝试。作为新人，勇敢地去适应和尝试新媒体是比较重要的。

阅读延伸：
**LxU 内容专访（完整版）**

扫描右侧二维码 – 观看行业分析文章

L×U

**LPI良品互动 专访内容**(节选)

访谈进行时间：2016年3月　采访者：小呆（本书作者）
访谈上线时间：2016年5月　受访者：LPI创始人Spens

## （一）最近客户见 VR 火，就都吵着要做个带 VR 的 H5，公司是不是会因此做出更多变动？

**Spens：** 会比较慎重，靠卖弄热点换来的关注是不长久的，这样的关注是在消耗品牌的价值还是在提升品牌的价值，我们难道不应该思考么？

有时客户也会很纠结，我就要那么个东西，你给我做了就完了么，但是我们不是那种只为了赚快钱的公司，我们要对用户负责、对品牌负责、最后还要对作品负责，既然找到我们，那么这些点一定要考虑进来。

**小呆：** 这是一直以来的原则么？

**Spens：** 如果没有原则，这家公司不可能走到快 10 年。但是我更担心是，对每个创意人来说，他的热情总有被耗尽的一天，如果哪天我们不再有热情了，也许你也看不到这家公司了，只要热情尚存，这个团队肯定会去坚持做更好的东西，哪怕要耗费很多精力。

## （二）那么，你们会怎么看待 H5 的当下，以及未来？

**Spens：** 我觉得慢慢大家应该会更理性，H5 究竟对品牌而言要承载什么样的意义，是要自传播？还是要内容展示？还是其他什么？只要你的眼睛还在看微信，而微信又一直集成着优秀的移动端浏览器，它就会一直存在，并且更多样化。H5 的可延展性很强，它的发展方向肯定不会只局限在营销领域。

**小呆：**H5 和微信关系比较大么？

**Spens：**如果不是微信集成了好用的移动浏览器，你是不会看到今天这么多移动端网站的。H5 肯定会一直存在，但在未来传播中能起多大作用，承载的意义究竟有哪些变化，这是需要考虑的。

## （三）传统行业的从业者想踏入互动领域，能给一些指导或者忠告么？

**Spens：**我觉得有两点是要考虑下的：第一，你是否真正喜欢这行，愿意去付出和坚持。第二，我们之前那些人每天一半的时间要拿来去浏览和阅读，而且会去看很多国外的优质作品，真的是喜欢这个行业，愿意花大量的时间和热情去投入，想进入这个行业的新人是不是也有这样的毅力和热情呢？

但还是得先问自己，是不是真的喜欢互动这个行业，这个行业实际挺苦的。10 年前，我们说这是一个未来的朝阳产业，孕育着无限的潜力和机会，而 10 年后，这个行业仍然还不规范，需要不断地摸索和尝试，也许后面还有很多的坑在等着你，你是否真的想好了加入这个行业？

阅读延伸：
**LPI 良品互动内容专访（完整版）**

扫描右侧二维码 - 观看行业分析文章

**W 专访内容**(节选)

访谈进行时间：2016年7月　　采访者：小呆（本书作者）
访谈上线时间：2016年8月　　受访者：W创始人李三水

## （一）什么是分享主，这个概念又是怎么得到的？

**三水：** 最初的概念成形，其实从 W 的一个同样在圈内广泛传播的早期作品"首草先生的情书"上就有了。你会发现有一种刷屏叫做大家都在转发，往往只能引起一时的赞叹。而又有一种刷屏叫做大家都在评论，它让你由衷地愿意去写帖子，愿意去敲上百字的评论，愿意去把感受记录在日记本上。这样的刷屏才是真的刷了屏，因为作品内容刷到了人的心理，而其参与者都是 "分享主"。

"首草先生的情书" H5 截图

你会发现，"分享主"借你的广告谈的都是自己的感受，并且更愿意去和朋友讲出这份体会。W在"我们的精神角落"这个项目，最终验证了"分享主"的理论价值，W在最后把各类社交平台上关于这次营销事件的部分精彩评论收集在了一起，并编撰出来一本实体书，你会发现书中所言的一些事情其实与豆瓣无甚直接关联，但都受到豆瓣TVC的明显启发，激发了对于生活感观的强烈共鸣。

这件事让整个营销事件变的与众不同，在他们的主动参与传播与分享、再创传播内容的情形下，豆瓣的品牌形象得到了完整且立体的全盘激活，而这一切不是广告的刻意塑造，而是分享者们的主动演绎，这是W所认为的理想传播效果。

豆瓣项目实体书

**小呆：**那这意味着什么呢？

**三水：**实际大多数广告行为只是在做甩卖和倾销，用暴力方式强卖信息，即使它浓妆艳抹，即使它外表花哨，但衣服脱到最后，还是要你来买单的。可我以为，我们最终消费的并非品牌，而是在消费自己的价值观。与其说我去强买强卖，倒不如让我为消费者设计一个抒发情感的出口，在这个过程中我不干扰你的视听，不强行告诉你什么是对的、什么是好的，我只是提醒你去感受。你会发现 W 在豆瓣项目、李宗盛项目上都是这么做的，我们只是提醒你原来生活还可以是这个样子。至于生活究竟该怎么样，每个"分享主"会告诉你他的答案，而这个答案，你可以说是广告创造者和广告分享者高度默契下的合作产物，它或许不再像是广告，却远超广告。

**小呆：** 这么说，分享主就是愿意分享品牌，并会主动参与评论的人群了。

**三水：** 可以这么说，他们才是品牌真实的主人。

**小呆：** 那我也算是一个分享主了？

**三水：** 你绝对是一个分享主，而且你分享的不是我的内容，是你自己的理解和再度创作。我也好，野狗也好，W 的作品也好，不过是你的素材，这也是好广告最珍贵的地方，而我认为分享主可以说是品牌营销的新路径，他们真实地为品牌创造了前所未有的价值。

### （二）那么，这家公司的核心竞争力是什么？

**三水：** 实际公司的优势并不是完美的执行或技术基因，而是策论。这个答案对我来说很简单，但对别人来说却会很复杂，因为大多数公司在创业时都有各自领域的范本，做广告你可以学奥美，开快餐你可以像麦当劳，你甚至可以去做他们的掘墓人、反叛者、新标杆，但总归还是有参考。而 W 没有任何参考，它并不是一家广告公司，它是一家企业，它的优势也不是创意和执行，它的核心竞争力是企业的战略咨询和营销管理，是实打实的创造。

**我举个例子：**

假如面对豆瓣这个客户，我们完全可以换一种方式来做，既然现在的文艺青年都喜欢看书、吐槽电影，那我们为什么不能把他们都聚集在一起开个大会，热热闹闹地找很多有趣的话题来聊？应该能博眼球。

而我们想到的是，豆瓣现在面临最大的问题是所有人都不懂，大众不了解你的企业文化和战略布局，而这又很难解释清。那么这样，干脆就不要解释了，我们就做给那些愿意帮我们解释的人，所以策略最后才会落到**"我们的精神角落"**上。

**小呆：**难道整套营销案的目的就是通过开放性内容去激起大家参与评论和解释么？

**三水：**也不能这么说，是要找到更适合品牌传播的模式出来，而不是说我想了一个噱头把某个品牌炒红就可以了，虽然这样看上去见效很快，但对品牌成长意义不大，我们给客户提供的往往不是创意，而是在帮助他的生意找寻到新商业模式的沟通方法，这也是为什么我们从来不追热点、玩套路的原因，当你创造了价值，问题自然就解决了，这也是公司自有的企业理念："不做创意人，只做创造者"的由来（在 H5 作品的最后一关，你会看到专访里提到的 TVC 短片）。

**阅读延伸：**
**W 上海 内容专访（完整版）**

扫描右侧二维码 - 观看行业分析文章

**TGideas** FUN

**腾讯TGideas 专访内容**(节选)

访谈进行时间：2016年6月　　采访者：小呆（本书作者）
访谈上线时间：2016年7月　　受访者：TGI创意总监LAVA(李若凡）

## （一）H5 从 14 年初露锋芒，到 15 年火爆，再到最近降温，您是怎么看待这个现状的？

**LAVA：** 如果说 H5 真降温了，那肯定是用户对它的熟悉度进入成熟期。 H5 刚出现时给人带来了强烈的新鲜感，它比图文生动，并且有不同交互体验，开发者只要做些形式感还不错的作品，就很容易获得用户的关注。但经历了两年洗礼后，我们发现能玩的形式已经见得差不多了，用户的期待值也变得越来越高，这在无形中增加了设计与创意门槛，创新难度变相增加，自然现象级作品出现频次就少了，所以会给你降温的感觉。

**小呆：** 那是不是营销类的 H5 在未来将会走下坡路？

**LAVA：** 这也不见得，微信应该在很长一段时间内仍然是主流平台，H5 在移动互联网营销领域肯定还是主要形式，随着硬件、网络的升级以及微信更多接口的开放，相信会有更多新的 H5 玩法出现。但是，就营销类 H5 本身而言，它会更需要好的洞察、创意和沟通技巧，目前对形式的追逐也只会是一个时期的特征罢了。

## （二）像是 TGideas 这样的团队，在职的设计人员都有什么特点？

**LAVA：** 我们更喜欢复合人才，除本职工作，最好能有其他领域的技能。比如说，我们的设计师有些自己就会写代码、有些特别懂街舞、也有些摄影玩得特别好，这些特长虽然和业务看似无直接关联，但是会为工作带来不一样的思考方式。而由于行业特性所致，我们更关注的点是：你是否熟悉游戏行业，是不是爱玩游戏，对各类玩法有没有深刻的理解，是不是能把握好游戏的感觉？其次才看专业技能。所以需要找到更多爱玩，会玩的人加入。

■ TGideas 其他优秀 H5 作品截图

**（三）能为 TGideas 做专访非常荣幸，我们资讯站做了 1 年多了，希望 LAVA 能给小站一些指导和忠告！**

**LAVA：** 我觉得你利用移动互联网热潮，借助 H5 这个点来切入是非常准确的，在这个很新的领域，去分析它的技术、形式以及作品背后的创意是非常有价值的，我确实也没见到其他媒体在专门做这件事情，你来做这个事情，真挺好的。但长远来看，可以更多地去关注形式背后的东西，所有营销事件或者广告的背后最重要的是 "洞察"，形式是可以千变万化的，不管是 H5、VR、AR 还是什么更新的技术，但往往最打动人的还是内容对人性的洞察。H5 最终肯定会被代替，但"洞察"的能力永远不会。H5 肯定不会很快过时，但接下来还能打动用户的，肯定不会是那些要花招的、视觉上做了奇观的素材了，而是一些能感动你的东西，一些真正建立在"洞察"之上的内容。

阅读延伸：
**腾讯 TGideas 内容专访（完整版）**

扫描右侧二维码 - 观看行业分析文章

**搜狐新闻 专访内容**

访谈进行时间：2016年10月　　采访者：小呆（本书作者）
访谈上线时间：2016年11月　　受访者：YUKI

## （一）H5 是不是一种非常适合新闻内容的互动形式？

移动互联网时代的移动阅读已成为用户的日常。受制于手机屏幕尺寸，原有的内容表现形式已不能满足用户的新需求了。这使得具有交互特性的 HTML5 在 2014 年开始大放异彩。

HTML5 这一版本的标准规范在 2014 年 10 月 29 日制定完成，新规范大大降低了这一技术的学习成本和开发成本。另随着智能手机的普及，各大新闻客户端和微信等移动端社交媒体的流行，H5 产品以其特有的传播优势，更好地完成了分享传播的目的。但是形式终究是为内容服务的，所以，H5 是否是适合新闻内容的互动形式，这个问题，要看新闻内容本身想要传达给大家的究竟是什么。

不过对于媒体而言，不前进的话就只能被边缘化或淘汰。对于新的表现形式的探索和尝试，总好过对于未知的排斥与恐惧。

## （二）对于未来的新闻传播来说，H5 是不是会起到关键作用？

H5 作为新展现形式，在未来新闻传播中会起到关键作用。H5 在一定程度上改变了传统新闻的叙事方式，但这些新的表现形式还不足以撼动文字 + 图片的基本形式。虽然已经出现了个别传播效果极好的作品，比如我们自己做的"一秒钟有多长"，PV 就达到了 1000 万，转发量高达 800 万，但这仅仅是个别现象。

因为从本质来讲，无论是何种新闻的表现形式，不管是图文、视频、H5，它们都是为内

扫描二维码，观看案例

容服务的。为了能让读者有更好的阅读体验，用什么形式去做，取决于内容本身，新闻最终比拼的还是选题的巧妙和内容的精度。目前来说，H5是不足以改变行业未来的，它是一个新的出口罢了。但是未来的事情谁又敢下断言，还是要时间来去检验。

## （三）从新闻行业切入来看 H5，它近几年会有怎样的变化和发展？

从一开始只是单纯注重形式，变为从内容出发选择合适的形式。这个主要变化在从2015年的逢大新闻节点必看到各家都出H5，变为在合适的时机推出合适的新闻H5网站。去年单一个天津爆炸，纵观各大媒体，少则出一个H5网站，多则一个内容出2到3个，就好像遇到重大新闻事件不出H5，就体现不出来自己在新闻行业的领先性一样。再看今年的天津爆炸一周年，各家都沉寂了很多，并没有出现一窝蜂扎堆给一个内容套不同形式的情况。这就说明新闻行业的各位已经跳出了为了H5而H5的怪圈了。

从一开始的单纯的展现新闻内容，变为多元化的创造新闻情境。受众不再只作为旁观者，而是作为制作者、传播者参与到新闻中，可以身临其境地去参与和体验新闻。例如我们2016年推出的"莆田老乡教你开医院"，记者独家采到的开设莆田医院的内幕，我们把它以直接让莆田人用手把手教你的形式，把受众带入预设的新闻场景中，远比看图文来的更刺激，虽然页面设计简单，但相比图文新闻，它已经具备了更好的体验了！

## （四）一个好的新闻类 H5 应该具备哪几个因素？

热点 + 策划 + 创意 + 文案 + 设计 + 技术 =H5

60% 的内容提炼 +40% 后期润色才能做出好的 H5。

## （五）现在的新闻行业会不会招聘专门的设计师来做 H5 的设计？

会的，我们还是非常需要这样的专项人才的，随着移动端的进一步发展，这样的人才需求会越来越大，不光是 H5 网站的设计，包括可视化图形，和其他的动态设计都会需要新的人才来完成。

阅读延伸：

**搜狐新闻 内容专访（网页版）**

搜_狐
SOHU.com

扫描右侧二维码 – 观看行业分析文章

**万达集团 专访内容**

访谈进行时间：2016年10月　　采访者：小呆（本书作者）
访谈上线时间：2016年11月　　受访者：万达集团 企业文化中心新媒体总经理 **张瑾**

## （一）万达的 H5 作品都是自己设计出品的吗？

分两类，一类是我们自己出创意方案，然后进行过程把控，而具体设计和开发工作会交给外包合作公司来实现，比如 2015 年推出的《万达工作法》微信书、2016 年万达城"一镜到底"H5 作品；还有一类是交给我们年度 social 的服务商来主导设计制作的，从创意、文案、设计到技术开发，都交给他们来执行，我们更多地是一个把关者的角色。

NO.35
探索神奇手绘，探索美好时光
WWW.KU-H5.COM

扫描二维码，观看案例

## （二）万达作为甲方，会希望和什么样的供应商达成合作？

在 H5 方向，我们的供应商选择有两个标准：一个是互补性；一个是领先性。

互补性是指和我们自有的新媒体团队能形成业务互补的。因为我们自己的团队人员基本是属于内容导向型的，擅长内容生产和传播，所以外部供应商的选择一般锁定在设计、技术和 social 创意方面，弥补我们自身在这些方面的不足。

而领先性，自然是指供应商在所在行业足够强，有自己独到之处，其行业地位或口碑能和万达匹配。我这里的用词是"强"和"独到"，所以并不一定是对方非要规模很大，很多时候一些小而美的公司往往因为创新意识和执行力强同样会打动我们，他们也会成为我们的供应商。

### （三）您认为一个好的 H5 作品最重要的是什么？

一个好的 H5，有两个判断维度：逻辑层和表现层。

逻辑层是指 H5 的叙事性和逻辑架构是否有创意，是否清晰并且有说服力，是否能完整表达一个主题或者为品牌带来恰到好处的曝光。这里面可能涉及到用户洞察、情怀、情感、趣味、意义等因素，是一个成功 H5 的基本修养。

表现层是指视觉呈现和体验交互，新奇、酷炫、好玩、用户体验门槛低，如果一个 H5 拥有了这些标签，就很容易实现所谓的朋友圈刷屏，比如"吴亦凡入伍"视频模式 H5、"淘宝造物节"的准 3D 万花筒邀请函 H5 等。

这两个判断维度，不一定同时要具备，但对于好的 H5 来说，二者至少要有其一。

### （四）您是老媒体人了，请问您怎么看待 H5 的当下以及未来的发展趋势？

很多人把 2015 年看做 H5 的黄金时代，认为现在的 H5 已经不那么繁荣了，一切都成为了过去，而我并不这么认为。

2015 年确实是 H5 的爆发期，诞生了很多优秀的作品和创新的应用模式，但也带来了行业虚火，H5 被赋予了太多不切实际的期望，不少人都天真地寄望靠一支 H5 网站就能让企业品牌或产品名扬天下。

但 H5 毕竟只是一个技术手段和传播载体，而传播本身却是一个系统工程，它还需要创意、文案、内容、设计、渠道等多层面的配套实施，指望毕其功于一役，完全是赌徒心理。

从2016年来看，H5的应用进入了一个理性期，甲乙丙各方都开始审慎看待H5网站的作用和价值，这对于整个行业是好事，H5可以被放置在一个更为长远的维度来观察和发展，我们可以不用"唯PV论"来衡量一个H5，而可以同时从转化率、作品素养和公共价值等更加实际或者更有意义的维度来考量。

H5其实是一个中国特色的存在，拜微信生态所赐，得以迅猛生长，但其自身可堪承载的富媒体形态和应用交互特质，或许才是发展的真正关键，而这样的特质随着整个移动互联网的发展和应用标准的升级，必然会变得更加强大，也同时让我们感受到了移动互联网更强大的场景连接能力。

阅读延伸：
**万达集团 H5 内容专访文章（网页版）**

扫描右侧二维码 – 观看行业分析文章

**iH5 专访内容**

访谈进行时间：2016年11月　　采访者：小呆（本书作者）
访谈上线时间：2016年12月　　受访者：iH5平台创始人 孟智平

### （一）作为 H5 工具商，当初为什么会想到要做这款产品？

真的是很久以前了，记得大概在 2006 年，我们隐隐约约地察觉到未来 Web 端的可能性将会非常大，那种感觉有点难以形容，但是我们觉得它将会是未来互联网的样子。而在 2008 年，我们做出了第一款 H5 工具，名为 TVadd.cn（网站目前已停止运营），它是一个网页形式的网页制作工具，不同于 Dreamweaver 或者 Flash，它完全不用安装、不用更新，有点像是如今的 H5 制作工具，可以在网页上自由编辑视频、动效、声音，非常简单，操作者也不需要编辑任何代码，但是我们在 2008 年就做了，这在当时是非常超前的。

随后，我们不断地将产品升级并一直试图尝试新的商业模式，而产品随后又更名为了 VXPLO.COM（互动大师），再到今天的 iH5.CN。

而至于说为什么要做这款产品？我想，是因为我们很早就看到了未来互联网对于网页的刚性需求，而我们想做一款底层工具，让网页的生成变得更加简单。

### （二）在互联网领域，H5 究竟是什么，如何定义它？

我认为，H5 就是下一代的互联网，这可能都要超出这本书的定义了。但是道理很简单，

HTML5 本来就是下一代互联网语言，不管你做什么，都是要通过 H5 来实现的。H5 会慢慢替代原生应用，不管是移动端还是 PC 端，它不再需要更新、体量轻、跨平台并且功能会越来越强大，以后的所有应用、页面、功能，甚至是操作系统都可能要通过网页来实现，而我想象不出什么东西能比网页更合适了。所以说，H5 是下一代互联网。

## （三）你有在世界各地走访的经历，想知道在国外，H5 究竟发展的如何，和国内有什么差别？

我的答案可能会让你意外，但事实情况是，中国的移动互联网端应用环境是远远领先于美国的，我说的是应用环境，而非互联网技术。

通过观察与分析，我们发现，中国用户对移动端的依赖性明显高于美国，我们国家的手机保有量最大、更换频率最高、用户量最大、4G 覆盖率最高、移动互联网的热度也最大，国内大部分都是新手机，大家对更换手机的意愿特别强烈，但是美国相比中国要慢得多，他们更依赖 PC 端，他们还会经常看杂志和读报纸，但是我们就完全不一样了。所以说，相比国外，中国的移动互联网前景更好，机会也更多！

## （四）你认为一个好的 H5 应该是什么样子的？

只有营销类的 H5 存在这个问题，我们会用流量、形式、内容的判定来判断他的好坏。实际上，一个系统、一个网站、一个功能、一个页面等等，他们都是 H5，怎么去评价它的好坏呢？这个问题更像是，在问我互联网是好还是坏一样。

对于一个还没有成型的东西来说，大家都会先以点带面去理解的。就像是手机 20 年前就是大哥大，就是个移动固话，谁又能想到它会像是今天这么多样。

### （五）未来的 H5 又会有什么可能？

H5 的未来形态会越来越多样，屏幕会越来越多，它会遍布在生活的每一个角落，而它们不可能携带主机或是什么存储设备，它们显示的内容都将会是 H5。到时，可能 PC 的概念甚至会没有。

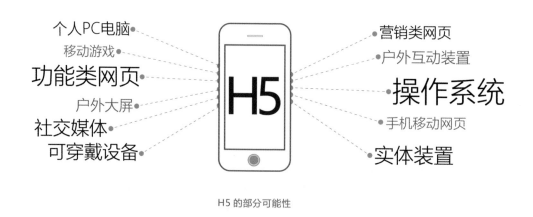

H5 的部分可能性

### （六）可以为想加入这个行业的设计师提一些忠告么？他们应该准备些什么？

H5 的未来虽然前景无限好，但想要过渡到那个阶段，还要走很多的弯路和踩很多的坑。所以，我觉得热情是很关键的，而热情的前提是认准方向，你对互联网的技术、产品、内容是不是感兴趣，你是不是有自己的看法和观点。这个行业需要大量的人才，互动设计师也是非常缺乏的，但是这个行业的变数也是最大的，如果你没有我上面所说的热情和方向激励你不断学习的话，那么很容易会掉队。

而说到技术上储备的话，应该是越多越好，像是技术的原理、玩法、最先进的技术信息，尽量多去了解，你理解的早，应用的可能性就会早于别人。

### （七）最后还有没有要补充的？

实际我想告诉你们的是，H5 就没有火过，行业投入的公司也少，出来的产品也少，与视频行业相比，H5 行业的盘只有他们的 1%，而在营销领域，H5 也一直是配角。

但是未来就不好说了，就像是微信小程序的出现，它是 H5 在平台内（微信平台）的一次尝试探索，它就像是苹果 APP STORE，想要去构建起一套新的生态，而目前我们确实需要新的生态，小程序对我们工具商来说意义重大，它让我们的内容有地方可以展示，可以去摆放，它可能会是 H5 向前发展的重要节点，目前我是这么看待的。

最后，谢谢小呆的采访，希望我的内容对你的读者有所帮助。

阅读延伸：
**iH5 内容专访（网页版）**

扫描右侧二维码 – 观看行业分析文章

**甲本 专访内容**

访谈进行时间：2016年10月　　采访者：小呆（本书作者）
访谈上线时间：2016年10月　　受访者：甲本联合创始人 胡春健

甲本虽然坐落在南京，但产品的用户群却覆盖全国，他们以专业的 HIFI 视听设备作为销售产品，而创始人均有广告行业背景，作为一家中小型企业，他们对 H5 的态度，实际上能够映射出这个领域大多数人的观点，虽然和老胡交流不多，但是他的回答却真的能让我有不一样的反思，访谈内容如下：

## （一）公司平时用 H5 来推广产品么？

实话讲，很少用，原因可以归结为两个吧：

从产品来说：我们卖的是专业视听设备，用户人群比较小众，不适合大规模传播，很难精准人群，多数用户还是习惯论坛、QQ 群，虽然大家都用微信，但是我们找不到好的移动端推广渠道，而且自己的渠道也不够强。所以，在精力上会侧重于传统 PC 端的门户推广；

从人员来说：实际我们很喜欢，也很关注这种新的移动网站，但是我们招不到合适的人来做，我们不是大公司，也很难给设计师开出非常高的价钱，就目前来看，只有少部分设计师才有这种设计能力，而我们也希望找到合适的人。

甲本的部分子品牌和活动品牌

## （二）作为甲方，会去找专业的供应商来设计 H5 吗？

以目前公司的能力和规模而言，渠道的扩展远比做广告宣传更重要，我们虽然在这个行业算是领先企业，但竞争依然激烈，预算和成本不得不考虑。如果做推广宣传，公司会优先考虑展会类活动，这和我们受众人群的特征非常切合，耳机这个东西，还是要试一试的么。如果我们做手游的话，可能就会侧重去做 H5 了，用户群体和产品都是有差别的。

所以说，我们不会优先去考虑找供应商做 H5。

## （三）如果你们做 H5，会更看重哪些因素？

从公司的视角来看，我最看重的是转化率，它可以是销售转化或者流量转化。总之，就是要有转化率。

有个性、炫酷的东西没人不喜欢，但是我更看重实用性，我们是开公司做买卖的，不是搞艺术陶冶情操的。就像淘宝，早期的淘宝也是把精力放在渠道和产品上，网站设计、推广宣传都是后来的事儿。这两年你看淘宝广告越做越多，越做越酷，那是因为市场做起来了，到了必须提升品质的阶段了。

我们的情况一样，公司还在扩展市场的阶段，如果做 H5，我更看重实际效果。

## （四）老胡，您也是老广告人，你是怎么看待 H5 的，以及未来的应用情况？

这是个非常不错的新玩法，能互动、效率高、形式广，但如果太多时，就会给人一种路边广告的感觉了。就像是你去参加展会，别人家发的是广告页，而有一家发的是实物鼠标垫，你肯定会记住他，因为他给你提供了更好的体验，这个礼品是实用的。但是当所有商家都发鼠标垫时，这个东西你一看就会觉得是营销的广告。于是，商家就想尽办法，提升礼品质量、提升礼品成本，什么火发什么，什么贵发什么，但你又要考虑成本和收入的问题，我觉得这就是 H5 的现状。

关于 H5 的未来，我觉得，虽然大量的用户群都在微信，但是 QQ、微博、线下装置、PC 网站等，还潜在着大量用户，H5 目前只火爆在微信，但从底层技术来说，它完全是可以兼容任何网页端的，但为什么没有人这么做呢？我觉得，H5 真正发光，应该是它能兼容多平台的时候，我们不用 H5 的原因也在于此，我们的用户人群不集中在微信。

### （五）你们需要精通 H5 设计的设计师吗？

我们非常需要有这种能力的人，而且有这种能力的人很难找，但我们也不会因为 H5 去专门养一个设计师，我们现阶段理想的人选是，有综合能力的，除了 H5 设计外，还有其他优势，或是平面、或是网页设计。这应该也是大多数中小企业的现状吧，过于专项的人才都是大公司需要的，因为他们是流水线，这样的设计师单点爆破很强，但是应变能力差，而我们要的是通才，他需要有比较好的应变和综合能力。

### （六）那么还有什么要补充的吗？

再补充一点吧，实际在我们这个圈子里，很少看到你们发的这些 H5 案例，如果不是因为我有兴趣关注了你的 H5 资讯站，我也不会看到这么多 H5。这说明，这些所谓大制作的项目，传播力度和媒介能力还是远远不如传统广告，你是没办法连接到更多人的，这可能和新媒体追求的细分有关。但就我的观察，新媒体的环境太过于混乱，看似很繁盛，但实际渠道能力却很差，就因果论的话，还不够成熟，而渠道能力的好坏直接制约了 H5 的传播，可能 H5 本身没有错，只是它上错了车，这个比喻不太恰当，但是感觉就是这样的。

最后，谢谢小呆的采访，希望我说的这些内容会让你有所收获。

# 致 谢

文 | 小呆

你看到的这本书最后的样式，是坚持和探索的结果。

最初，编辑只是希望我能写一本 H5 相关的设计书。这样，出版社就能够很快的为行业提供内容了。但是这计划半年完成的事情，最后我却整整做了 2 年，拖沓了好长时间。

所以，非常感谢我的责任编辑栾大成先生在创作上给与我的支持，他并没有过多的限制我的内容创作，而且非常支持我对于新式图书的探索和尝试，没有编辑的支持，这本书是不可能出版的。

而当我把本书的样张拿给我的朋友、领导、老师和行业前辈们观看时，他们居然都表现出了震惊，即使是资深的营销人和互联网人，他们之前也并未见过这种以纸质书 + 图书网站 + 媒体号为创作图谱的产品图书，虽然早前听过我的描述，但当看到实物时，仍然出乎了意料。

而大家可能并不知道，这本书能够最终成型，离不开两位伙伴的支持，非常感谢前端工程师徐松，本书网站部分的开发工作是由他完成的，在过去的一年多中，我们每个月都会沟通网站的设计和开发细则，本书多处设计也是听从他的建议从新修改调试的。同时，非常感谢音响工程师徐腾飞，本书的大量音效演示都是由他采样、制作完成的，而关于本书 H5 音效部分的内容，他也给出了关键性的建议和指导。

非常感谢 W 上海的李三水先生，在本书的创作过程中，给予我了非常高的认可和支持，也非常感谢 VML 上海、良品互动 (LPI)、鱼脸互动、LxU、UID WORKS、腾讯TGideas、搜狐新闻、万达集团、意派科技、iH5、甲苯网的内容支持，没有你们的内容，本书也同样不可能出版。

关于新式图书与未来超媒体设计的探索，现在才刚刚开始。而本书全新的展现手法和探方式，希望能够为每位读者带来不一样的启发和体验。

我是小呆，我还会继续为你们做更多的内容，做更多新颖的尝试，这本书的内容到这里就结束了。当然，我指的是印出来的内容，网站和公众号还在继续更新。咱们未来还会再见到的，希望能在真实的世界与你相遇。好了，我们下本书见了！

苏杭（小呆）

2017.3.28 于南京

# 数英DIGITALING

广告传播
Advertising & Conmmunication

市场营销
Marketing

信息技术
Information Technology

移动营销
Mobile Marketing

数英
DIGITALING

电子商务
e-commerce

创新
Creative

设计
Design

In Greater China

数英网 DIGITALING —— 引领数字时代进行时

数英网是一个数字媒体及职业招聘于一体的资讯平台。自2007年创立至今，庞大和活跃的用户群表现出极强的互动性，我们已为无数的个人和企业、代理商、媒体、组织机构等的大企业服务，推动数字业界的发展。

数英平台：www.digitaling.com

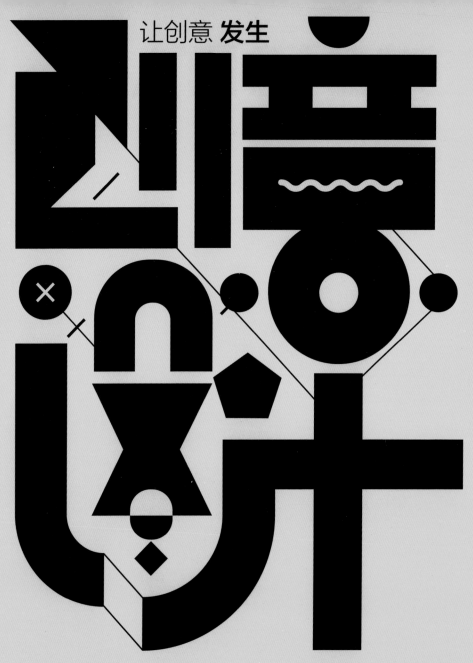

让创意 发生

为设计 发声

扫一扫，下载站酷APP
把站酷和 酷友装进手机

**ZCOOL** 站酷
www.zcool.com.cn